苜蓿水分生理与耐旱研究

万里强 李向林 编著

中国农业科学技术出版社

图书在版编目（CIP）数据

苜蓿水分生理与耐旱研究 / 万里强，李向林编著 . — 北京：中国农业科学技术出版社，2016.9
ISBN 978-7-5116-2703-2

Ⅰ . ①苜… Ⅱ . ①万…②李… Ⅲ . ①紫花苜蓿—耐旱性—研究 Ⅳ . ① S551.34

中国版本图书馆 CIP 数据核字（2016）第 184262 号

责任编辑　于建慧
责任校对　李向荣

出 版 者　中国农业科学技术出版社
　　　　　北京市中关村南大街 12 号　邮编：100081
电　　话　（010）82109194（编辑室）（010）82109702（发行部）
　　　　　（010）82109702（读者服务部）
传　　真　（010）82106629
网　　址　http://www.castp.cn
经 销 者　各地新华书店
印 刷 者　北京富泰印刷有限责任公司
开　　本　710mm×1 000mm　1/16
印　　张　12.75
字　　数　201 千字
版　　次　2016 年 9 月第 1 版　2016 年 9 月第 1 次印刷
定　　价　45.00 元

前　言

紫花苜蓿（*Medicago sativa* L.）简称苜蓿，是当今世界上分布最广的豆科栽培牧草，具有高产优质特性和固定氮素、改良土壤、防风固沙、保持水土等功能，在发展畜牧业生产、建植人工草地、建设和保护生态环境等方面具有重要的经济、生态和社会价值。紫花苜蓿在中国主要分布在西北、华北、东北及江淮流域，西起新疆，东至江苏北部，包括黄河流域及以北 14 个省（自治区、直辖市）的广大地区。苜蓿生长地区年降水量以 500~800mm 为宜，降水量少的地区一般要有灌溉条件，才能获得高产。旱作条件下，苜蓿生长所需的水分主要依靠自然降水，因此，在干旱和半干旱地区，即使有灌溉条件的地区，也往往由于灌水量不足或不及时等原因使其生长受到水分胁迫的限制。

水分是干旱区最为关键与敏感的生态因子之一，也是影响植物生产力的主要因素。水分对苜蓿的生长发育极为重要，因为水分不仅是构成苜蓿有机体的主要成分，而且参与生理、生化、代谢和光合作用，并作为一种溶剂溶解矿物质、氧气和二氧化碳等，参与植物体内各种循环；同时，水分还通过影响其他生态环境因子，对苜蓿产生间接作用。但目前为止，在水分生理效应及其胁迫机理、苜蓿耐旱响应机制、内在生物学原理与影响因素等方面，仍有很多基础理论与科学机理的探讨有待进一步深入研究。因此，本书的编写与面世对进一步指导全国苜蓿生产与管理具有非常重要的理论参考价值和实践应用意义。

全书共分八章，主要包括水分生理与耐旱概述、苜蓿水分胁迫生理、苜蓿耐旱作用机理、ABA 生理效应与气孔运动、苜蓿水分利用、苜蓿根

1

系与水分吸收、苜蓿灌溉制度和苜蓿耐旱生理研究案例。第八章以我们承担的国家自然科学基金面上项目"水分胁迫下紫花苜蓿根源信号 ABA 应旱机制及其调控模型研究"（31372370）中的试验研究内容为主，辅以国内较为典型的苜蓿耐旱研究结果，重点对苜蓿内源 ABA 生理作用机制、水分胁迫下苜蓿根系生长特征、水分生理参数、ABA 含量与分布、苜蓿生物量和水分利用特征等方面进行了较为详尽的论述。

本书可供草业科学专业的科研人员、高校师生及有关生产部门技术人员参考。由于编写时间仓促，作者水平有限，书中难免有疏漏和不妥之处，恳请广大读者批评指正。

本书相关内容的试验研究及书稿的出版得到了国家自然科学基金面上项目"水分胁迫下紫花苜蓿根源信号 ABA 应旱机制及其调控模型研究"（31372370）、国家牧草产业技术体系（CARS-35-12）项目的共同资助，在此表示感谢。

万里强 李向林
2016 年 7 月

目　录

第一章　水分生理与耐旱概述

环境胁迫包括干旱、低温和盐渍，是影响农业生产的主要限制因子。其中，干旱对世界经济和社会造成的损失相当于其他自然灾害所造成损失的总和。目前全球干旱、半干旱面积已经占到土地面积的 25%~30%，占总耕地面积的 43.9%，干旱已严重制约着农业的发展。我国大部属于亚洲季风气候区，降水量受海陆分布、地形等因素影响，在区域间、季节间和多年间分布很不均衡，植物常因周期性或难以预期性干旱而大面积减产，因此，研究植物对水分胁迫的适应机制，积极探索和选育耐旱高产植物新品种已经成为各国科学工作者的研究热点，阐明干旱对植物的影响机制及植物在逆境条件下的适应性管理等也受到科研工作者们的极大关注。

第一节　耐旱性

抗旱性（Drought resistance）是指植物通过形态、生理的变化，以不同方式适应干旱环境，在干旱条件下存活而很少或不受伤害的特性。抗旱性分为避旱性和耐旱性，耐旱性又包括避脱水性和耐脱水性。

由于植物在漫长的进化中以多种方式来抵御和适应气候变化，逐步形成一定的抗性，因此，不同植物形成了多种的抗旱、避旱、耐旱机制。抗旱避旱是植物自身通过调节生长发育进程来避免干旱对其影响；耐旱是植物自身通过减少失水或维持吸水，以及维持膨压或是耐脱水、干化。

1

植物适应干旱的方式有三种：即御旱、耐旱和高水分利用效率。御旱主要是植物通过根系和调节气孔来维持体内的高水势；耐旱的主要机制是植物自身的渗透调节；高水分利用效率是植物在缺水条件下获得较高产量。

一、耐旱性鉴定

耐旱性鉴定是对不同植物耐旱能力的强弱进行评价鉴定的方法。在农业生产实践中，植物耐旱性是所有逆境胁迫中最难以测定的一种。直到目前为止，还没有一种公认的能够准确测定出各种植物耐旱性的通用方法，这也就直接加大了耐旱育种工作的难度。鉴定和评测植物的耐旱性不可一概而论，应针对不同植物所处的特定干旱胁迫环境，并结合不同植物的生理特性，选择合理的评测指标来区分不同植物种与品种之间耐旱性能的差别。

（一）田间测定法

将被测植物直接种植在旱地上，人为控制土壤水分，形成不同程度的干旱胁迫，直接影响生长，以此作为评价被测植物耐旱性的依据。这种方法简单易行，投入资金少，但由于控制土壤水分的不稳定性，以及不同土壤之间含水量的差异，所需测定时间长，工作量大，很难测定出准确的数据。

（二）旱棚或温室测定法

利用旱棚或是温室来控制土壤水分来测定植物耐旱性尽管已得到广泛应用，但由于旱棚或温室与大田环境、气候等条件的差异经常会产生一定的实验误差，再加上我国南北空气含水量的差异、不同土壤之间含水量的差异，使得实验数据差异更大。

（三）生长培育箱和人工气候室测定法

虽然利用可调控温度、湿度和光照的生长培育箱或人工气候室来测定植物耐旱性实验结果可靠，数据准确，可重复实验，但由于投入设备多，场地限制，难以对植物进行大批量测定。

（四）土壤干旱测定法

通过控制盆栽或大田土壤含水量，造成对被测植物的水分胁迫，通过对被测植物不同生育阶段进行干旱胁迫处理，比对全生育期没进行过干旱胁迫处理的被测植物，来获得被测植物的耐旱性数据。

（五）大气干旱测定法

通过制造干燥的空气环境给被测植物施加干旱胁迫来测定被测植物耐旱性能。根据把水培被测植物的根系暴露在空气中时间的长短，来测定被测植物的耐旱性。此外，还有在叶面施加化学干燥剂，来测定被测植物耐旱性的方法。

（六）高渗溶液测定法

首先要通过沙培法或水培法培育一定苗龄的被测植物，然后转入高渗溶液中进行干旱胁迫处理，并结合一定的测评指标来反映被测植物苗期的耐旱性。常用的高渗溶液有聚乙二醇（Polyethylene Glycol）溶液、甘露醇（Mannitol）溶液和甘油（Glycerin）溶液等。

二、耐旱研究现状

经过多年的研究和实践，科研人员已经在生理生化、分子生物学上对耐旱方面进行了深度剖析，取得了许多研究进展。迄今为止，研究人员已将寻找耐旱诱导基因，了解这类基因产生信号传导途径和这类基因的功能作为研究耐旱的共识。以期通过这种方法，采用基因工程技术提高耐旱能力和耐旱特性。

在全球气候变暖的背景下，近百年来，中国年平均气温升高了0.5~0.8℃，中国大部分地区呈增温趋势，以北方增暖最为明显。研究表明，地球上有九成自然生态系统的变化与全球变暖有关。干旱是指某一地域范围在某一具体时段内的降水量比多年平均降水量显著偏少，导致该地域的经济活动（尤其是农业生产）和人类生活受到较大危害的现象。要从根本上减轻、避免干旱灾害，首要解决的问题，就是培育出具有高耐旱性的植物品种，而准确鉴定植物品种的耐旱性，则是培育出高耐旱性植物品种的前提和关键。

干旱胁迫对植物造成的影响是巨大的，不仅在植物不同生长发育阶段，而且具体表现在生理生化中，如光合作用、呼吸作用、离子的吸收运输、物质转化以及酶活性等，它们之间相互联系，相互作用。20世纪初，科研人员从植物对干旱胁迫的适应方式、气孔调节及代谢途径等方面，深入研究了干旱胁迫对植物生理生化过程的影响。到了20世纪80年代，科研人员开始从旱激蛋白、信号因子和基因调控等多个角度探寻干旱胁迫对植物的影响。

在研究方面，育种工作者多侧重于经济生产力的耐旱性和外观表现；植物生理和生态工作者则强调生物学的耐旱性和耐旱的内在生理机制、植物种类和基因型的多样性，植物生态、生理生化过程的复杂性、环境条件的易变性以及植物原始耐旱反应和次级反应的模糊性等。因此，由于研究者认识角度的异同，仍然有许多植物对干旱胁迫的研究需要深入开展，还有许多问题需要深度阐明。

（一）形态结构特性与耐旱性

干旱胁迫下，植物通常限制水分的丧失和保持一定的吸水能力，维持体内较高的水势，使细胞处于正常的微环境中，植物体内各种生理生化过程依旧保持正常状态，主要属于形态学耐旱的范畴。植物的根和叶是土壤—作物—大气间水分循环过程中的关键部位。因此，要研究植物对干旱胁迫的响应及适应性，应集中在干旱胁迫条件下叶片和根系。

早期对耐旱研究最多的就是植物形态结构，其中地上部分的形态结构更是主要研究对象。以禾本科牧草为例，一般认为正常生长状态下叶片较为薄、小，叶片呈淡绿色，叶片与茎秆夹角小，叶片具有表皮毛及蜡质。干旱胁迫下一般呈现出卷叶，有效分蘖多，茎秆较细、发黄，植株萎蔫等为耐旱的形态结构指标。

根系是直接感受土壤水分信号并吸收土壤水分的器官，因此，一些研究人员曾努力探讨根系发育、根群分布、不同生长周期根系活力，以及不同环境下根系变化与耐旱性的关系。一些研究认为，根系大、深、密是耐旱的基本特征，而另有研究认为深层根系对于耐旱更为重要。

对根冠与耐旱性关系的研究表明，较大的根冠比虽有利于耐旱，但在干旱胁迫条件下过分庞大的根系会影响地上部分生物学产量；由此可见，人们对根系研究虽然取得了长足发展，但仍然缺乏一种能够在不破坏自然状态，精确测定根系生长发育状况的便捷、简单易行的可靠方法。到目前为止，设计根系各个方面的研究依然是整体植物研究中最为薄弱的一环。

（二）耐旱的生物学原理

干旱胁迫条件下生理生化代谢的研究报告很多，研究的内容也很丰富，如直接影响植物体内水分平衡的蒸腾速率、渗透调节及渗透调节物质的积累、细胞膜稳定性、原生质透性等，还涉及干旱胁迫条件下光合能力变化、逆境胁迫诱导蛋白、酶活性变化，以及近年来研究领域的热门——信号转导和耐旱分子生物学研究。

1. 气孔行为

植物对干旱信号的形态学反应是调节气孔开度，防止植物体内的水分散失，维持一定的光合强度。气孔的反应有两种，对空气湿度的直接反应和对叶片水势变化的反应。

2. 渗透调节

受到干旱胁迫时，植物通过渗透调节降低水势，保持膨压。植物的渗透调节主要通过甜菜碱、脯氨酸等亲和性溶质的积累而实现。另外，离子和水分通道的变化调节着离子和水分进出的细胞，这也是渗透调节的重要方面。

3. 逆境胁迫蛋白

干旱胁迫下的水分供应对于细胞维持膨压和进行正常代谢是非常重要的。植物体内的水通道蛋白可以形成选择性的水运输通道，允许水自由出入，同时将离子或其他有机物拒之门外，从而有效提高植物耐旱性。

4. 光合作用调节

光合作用（Photosynthesis），即光能合成作用，是植物、藻类和某些细菌，在可见光的照射下，经过光反应和碳反应，利用光合色素，将二氧化碳（或硫化氢）和水转化为有机物，并释放出氧气（或氢气）的生化过程。光合作用是一系列复杂的代谢反应的总和，是生物界赖以生存的基础，也是地球碳氧循环的重要媒介。植物产量的高低取决于光合产物的形成、积累与分配。叶片光合作用主要受气孔因素和叶肉细胞光合活性的控制，干旱胁迫造成的植物水分减少，不仅影响了光合作用的光反应，而且影响了暗反应效率，不利于植物的光合作用，使光能未得到有效利用，从而降低了光合产物含量。

5. 调控抗氧化防御系统

植物在遭遇干旱胁迫时，通常伴随着活性氧中间产物生成，这些有毒的分子对细胞膜和一些大分子物质造成破坏，尤其是对线粒体和叶绿体的破坏，使细胞受到氧化威胁。植物在抵御氧化胁迫时会形成一些能够清除活性氧的酶和抗氧化物质，如超氧化物歧化酶、过氧化物酶、过氧化氢酶和抗坏血酸等，它们能够有效地清除活性氧，从而提高了作物的耐旱性。

6. 激素与耐旱

由于内源激素的变化对环境条件改变响应的灵敏性及在作物生命活动中起着重要的调节作用，在耐旱性的反应中常常不是一种激素，而是多种内源激素以一种相当复杂的方式协助作用。植物可能以内源激素作为正负信号，对细胞内各种代谢过程进行有效调控，如 ABA 作为正信号，而以 IAA、GA、和 ZR 等作为负信号。土壤水分亏缺可能作为原初信号被根系细胞感知，并在细胞内引起大量 ABA 合成，ABA 作为细胞间信使由根系运抵叶片，叶片保卫细胞识别 ABA，再经细胞内信号传导引起气孔关闭，同时造成与植物正常生长有关的代谢活动减弱。

7. 耐旱的信号传导

在漫长的进化过程中，植物已经逐步发展了对不同胁迫的适应机制，即干旱胁迫信号转导及干旱诱导基因表达调控机制。细胞对逆境信号的感受、传递从而引发植物对逆境适应性反应的过程称之为信号传导（Signaltransduction）。信号传导对阐明植物如何感受干旱信号的刺激以及如何在体内传递信息并据此作出适应性反应对生物学的发展有着至关重要的意义。

耐旱性研究重点和难点

◎虽然研究人员在耐旱性的研究上进行了许多有益的探索，但是由于耐旱性不仅与植物的种类、品种基因型、形态性状及生理生化反应有关，加之受干旱发生时期、地区、强度以及持续时间的影响，因此，耐旱性是一个复杂的微效多基因控制的数量性状。不同植物和品种适应干旱方式是多种多样的，一些植物和品种具有综合行为，即几种机制共同对耐旱性起作用。当前，耐旱性研究、改良耐旱性是一个应用前景广阔、但研究比较薄弱的研究方向，特别是深层次认识耐旱机理、改变植物遗传基础、提高植物耐旱性水平仍处在探索阶段。

◎现有对耐旱性的研究结果，多数是针对某个方面进行的单项机理研究，如单项生理或单项生化指标。而这些指标往往只在某一些时间范围内起有限作用，因此，研究结果有很大的局限性，达不到直接指导应用的效果和水平。

◎目前，我国农业整体质量不高、农业增产缓慢等问题是制约农业生产的主要因素之一。提高与改善农产品质量已成为当前我国农业生产必须高度重视和亟待解决的关键问题之一。研究植物在干旱胁迫条件下的产量和质量问题，就使得耐旱性研究更为复杂。

◎因此，研究人员往往难以找到耐旱性研究工作的切入点和突破口。在耐旱性研究方面投入了大量的研究经费与精力，但却进展不大、收效甚微，尚未取得关键性突破。

第二节　叶片形态与耐旱

一、叶片对干旱的反应与适应

在干旱胁迫条件下，叶片反应与适应性的主要变化，既要有利于保水又要提高水分利用率。在水分亏缺严重时，细胞失去膨压，叶片和茎秆的幼嫩部位均产生下垂，即萎蔫（wilting）。萎蔫分为暂时萎蔫（temporary wilting）和永久萎蔫（permanent wilting），前者是可逆变化，后者是不可逆变化。靠降低蒸腾即能消除水分亏缺以恢复原状的萎蔫，称为暂时萎蔫。例如：炎热的夏天，叶片水分强烈蒸腾，水分供应暂时不足，叶片及嫩茎就会出现萎蔫。等到傍晚，蒸腾下降，而根系继续吸水，便会消除水分亏缺，叶片及嫩茎便会慢慢恢复原状。但如果土壤已无可供作物利用的水分，虽然蒸腾系数降低，但仍不能消除水分亏缺的萎蔫，即永久萎蔫。永久萎蔫持续时间的长短，决定着植物能否存活。

萎蔫现象是一种被动运动，是叶片在干旱胁迫条件下防止大量丧失水分的一种运动。此外，叶片还能主动使叶片保持平行于太阳的辐射方向，或者发生卷曲运动。当太阳辐射方向与叶片展开方向垂直时，单个叶片接受的辐射量最大，偏离垂直方向便会降低辐射接收量，这就是叶片向光性运动的进化基础。

向光运动使叶片特别是豆科牧草能调节接收太阳的辐射能量。例如，当供水充足时，叶片随着太阳转，与太阳入射光垂直；当水分亏缺时，叶片与太阳入射光平行。说明直立叶片是一种有效的耐旱机制。在干旱胁迫条件下，直立叶片因接受辐射较少，因此蒸腾系数低，失水少，叶片水分也比较好。

叶片卷曲是一种适应干旱的性状，当田间土壤水分不足时，夏季烈日下经常出现卷叶，且卷叶是纵向的，卷叶是最常见的对水分亏缺的反应，在出现干旱胁迫时，这是一种降低叶片水分蒸腾消耗的有效机制。引起卷叶的原因是膨压丧失，渗透调节可以延缓卷叶。因此，当有渗透调节的叶片开始卷叶时，叶片水势更低。

关于叶片卷曲和耐旱的关系是一个复杂的问题，对于不耐旱的植物来讲，可能在干旱条件下叶片卷曲可以减少一定的水分蒸腾散失；但对于耐旱植物来讲，在短期和轻度或中度干旱胁迫条件下，叶片并不很快发生卷曲，而是在严重干旱胁迫条件下才会发生叶片卷曲。无论是被动运动，还是主动运动，植物都是通过使叶片角度发生改变，而减少阳光的直接辐射，防止叶片温度过高或水分蒸腾过多，从而达到耐旱的目的。

二、叶片形态特征与耐旱特点

在中长期严重干旱的情况下，许多植物往往会加快将低位的叶片和分枝中的养分和水分向主茎、茎尖、根部转移，通过下部叶片和分枝的枯死脱落，来减少蒸腾，而保持主茎尖的生长活力。在干旱地区的植物进化中，多数植物通过外部形态和内部组织结构异变，减少蒸腾面积，如细胞变小、组织（气孔）变密，或气孔明显凹陷，叶片变小，株高变矮等。这种外部形态和内部组织的变异，有力地保证了在干旱胁迫条件下减少水分蒸腾损耗，达到较高的持水能力，以更好地适应干旱胁迫。

（一）叶片形态

植物器官的形态结构与其生理功能和生长环境密切相关。就植物与水分关系而言，由于生长期间受干旱胁迫影响，叶片在形态结构的变异性和可塑性是极大的，因此，叶片的形态和厚薄与品种耐旱性有直接联系。例如，同一品种植物在水分条件较好的地区，植株高大，叶片宽厚，冠层繁茂，而在干旱地区，叶片明显变小，页面蜡质增多，叶片明显发出蜡质光亮，冠层枝条叶片稀疏，株高变矮变细。

叶片的构造可分为表皮、叶肉和维管束 3 部分。经过长期的干旱进化，某些代谢发生变化或加强，或在叶片和茎秆上分泌出蜡质等减少蒸腾的物质。种皮、茎秆、叶片角质化和木质化等，作物组织器官内部细胞形态结构也发生变化，如 C4 植物叶片的维管束结构，在进化中发生变化与 C3 植物不同，造成了光合作用效率和水分利用效率的明显不同。

（二）比叶重

比叶重（Specific Leaf Weight，SLW）是指单位叶面积的叶片重量，是衡量叶片光合作用性能的一个参数。其倒数称为比叶面积（Specific Leaf Area，SLA）。它与叶片的光合作用，叶面积指数，叶片的发育相联系。在同一个体或群落内显示受光越弱而比叶面积（cm^2/g）越大的倾向，一般作为表示叶片遮阴度的指数而使用，但在同一叶片，则有随着叶龄的增长而减少的倾向。

比叶重的高低反应叶片的厚薄以及细胞的密集程度，较高的比叶重，单位叶面积的细胞数目较多，排列比较紧密，因此水分蒸发表面减少，从而表现出较强的水分保持能力，比叶重虽然是单位叶面积的叶干重，但是绝不可以说比叶重表示叶片的厚薄，比叶重只是决定叶片薄厚的一个因素。

（三）气孔

气孔（Stomata）是植物叶、茎及其他器官表皮上许多小的开孔之一，是植物茎叶表皮层中由成对保卫细胞围成的开口，是植物与环境交换气体的通道。气孔在碳同化、呼吸、蒸腾作用等气体代谢中，成为空气和水蒸气的通路，其通过量是由保卫细胞的开闭作用来调节，在生理上具有重要的意义。气孔通常多存在于植物体的地上部分，尤其是在叶表皮上更为常见。

气孔的开闭与保卫细胞的水势有关，保卫细胞水势下降而吸水膨胀，气孔就张开，水势上升而失水缩小，使气孔关闭。

（四）角质层和机械组织

角质层即植物地上器官（如茎、叶等）表面的一层脂肪性物质。它是由表皮细胞所分泌的。在叶片的表面最明显；其主要起保护作用，它不仅可以限制植物体内水分的散失，也可以促进植物体内水分的散失，就是角质蒸腾，而且可以抵抗微生物的侵袭等各种不良影响。角质层的厚度决定着角质层蒸腾量的大小，是反映植物耐旱能力的一个重要指标。一般来说，旱生植物角质层比较发达，另外脂类物质积累在表皮上形成蜡质，可以提高对阳光的反射率，防止叶温的升高和水分的散失，起到减少水分蒸腾的作用。

耐旱性强的植物，机械组织的发育程度往往比一般植物高，发达的机械组织被认为可以降低植物萎蔫时的损伤，同时也可以阻挡光线的直接照射，从而起到降低蒸腾的作用。研究表明，栅栏组织厚度、栅栏组织与叶片厚度的比值越大，植物利用光能的效率也就越高。因此，这两个指标也常用来衡量耐旱性能。

（五）叶片超微结构

超微结构（Ultrastructure）是指超出光学显微镜分辨水平的细胞结构的统称。我们知道，干旱胁迫对植物的伤害是多方面、多层次的。这不仅表现在作物蛋白质的降解和叶片的发黄干枯，而且也表现在质膜的损伤和细胞超微精细结构的破坏，最终导致植株生长受抑而死亡，造成大面积减产甚至绝收。

干旱胁迫使植物细胞器的结构和酶活性遭受破坏，干旱胁迫首先破坏膜的透性。叶片在遭受干旱胁迫后液泡破裂，叶绿体片层破坏及出现许多嗜饿小球。对干旱胁迫下叶片叶绿体和线粒体超微结构变化的电镜观察结果表明，随着干旱胁迫程度的增加，叶肉细胞叶绿体形态结构发生明显变化，表现为基质片层空间进一步增大，基粒类囊体膨胀，囊内空间变大、液泡化，而且类囊体的排列方向发生改变，产生扭曲现象，叶鞘细胞的叶绿体出现淀粉粒明显增多或增大现象，而线粒体受干旱胁迫后膨胀，反差度减小。

第三节　气孔调节与耐旱

气孔是植物在长期的进化过程中形成的表皮所特有的结构，是植物与环境之间气体和水分交换的门户。组成气孔的保卫细胞对环境条件非常敏感，保卫细胞接受各种信号后主动调节渗透势，引起水势变化而发生膨压运动，控制气孔的开与闭，进而起到调控植物蒸腾作用和光合作用的目的。由此可以说，气孔既可以避免干旱胁迫下植物水分的过度散失，而且还要保证光合作用的顺利进行，在植物生命活动中起着极其重要的作用。

阐明干旱胁迫下气孔运动的调控机制不仅对深入探讨植物适应环境的机理、植物与环境之间的关系有一定意义，而且对于解决植物耐旱的关键问题都有着重要的理论和现实意义。

一、气孔的发育和形成

气孔是从原表皮细胞中发生的，气孔母细胞（Stomatal mother cell）横分裂为三，中央细胞再分为二，成为保卫细胞，左右二细胞则成为副卫细胞的形式"复唇型（Syndetocheilie type）"，相反，也有母细胞仅二分为保卫细胞的形式"单唇型（Haplocheilic type）"，后者被视为原始型。

气孔周边细胞是由表皮分生组织通过不对称分裂形成的，其数量按照其类型不同而不同。直接形成气孔的两个细胞可以有两个不同的形成方式：①分生组织不断分裂，最后一次分裂后的两个细胞演化为气孔细胞；②周边细胞演化为气孔细胞。

二、气孔的分布与类型

一般来说，气孔由两个腰果状的保卫细胞组成，它们形成一个可以开闭的孔；气孔一般在叶下表皮较多，也有的仅在上表皮和上、下表皮均具有同样分布。

气孔通常均匀地分散在叶表皮上，其开孔线的方向也是不定的，多数具有平行脉的单子叶植物，其方向是规则的，也有呈局部集中的。通常气孔与其他表皮细胞大致位于相同的面上，但也有从表面突出和下陷的，均具有生态学方面的重要意义。

不同植物的叶、同一植物不同的叶、同一片叶的不同部位（包括上、下表皮）都有差异，且受客观生存环境条件的影响。一般阳生植物叶下表皮较多，上表皮接受阳光，水分散失快，所以上表皮较少。

气孔分类方法是按照气孔周围的细胞数量以及排列来分。双子叶植物的气孔有 4 种类型：① 无规则型，保卫细胞周围无特殊形态分化的副卫细胞；② 不等型，保卫细胞周围有三个副卫细胞围绕；③ 平行型，在保卫细胞的外侧面有几个副卫细胞与其长轴平行；④ 横列型，一对副卫细胞共同与保卫细胞的长轴成直角，围成气孔间隙的保卫细胞形态上也有差异，大多数植物的保卫细胞呈肾形，近气孔间隙的壁厚，背气孔间隙的壁薄；某些植物的保卫细胞呈哑铃形，中间部分的壁厚，两头的壁薄。

三、气孔的结构

叶面最外是一层没有叶绿体的细胞，这些细胞可以向外分泌表皮层，这是一层覆有蜡的胶质。在上下两层表皮细胞之间的是叶肉，它由薄壁组织、海绵组织和叶脉组成。薄壁组织是主要的进行光合作用的组织，海绵组织也可以进行光合作用，最重要的是它可以让气体在叶肉中扩散，此外

13

它内部的水蒸气饱和。海绵组织细胞之间的空间一般通向气孔。

气孔一般直接由两个豆状的保卫细胞组成，这两个细胞的端部相连，细胞中部之间的空隙是叶内部与大气之间的连接，有些植物在这两个细胞周围还有与开关气孔间接有关的细胞。这些细胞往往有白色体，组成气孔的两个细胞本身含有叶绿体，能够进行光合作用。气孔之间的空隙大小可以变化，在阳光充足和水充足的情况下它们一般大开，晚上或者水少的时候它们一般关闭。不同植物的气孔大小也不同。

四、气孔的开闭机理

气孔的开闭是由保卫细胞渗透势的变化来调节的，保卫细胞水势下降而吸水膨胀，气孔就张开；水势上升而失水缩小，使气孔关闭。引起保卫细胞水势的下降与上升的原因目前存在以下学说。

（一）淀粉—糖转化学说（Starch–sugar conversion theory）

光合作用是气孔开放所必需的，而黄化叶的保卫细胞没有叶绿素，不能进行光合作用，在光的影响下，气孔运动不发生。淀粉－糖转化学说认为，植物在光下，保卫细胞的叶绿体进行光合作用，导致 CO_2 浓度的下降，引起 pH 值升高（由 5 变为 7），淀粉磷酸化酶促使淀粉转化为葡萄糖 –1–P，细胞里葡萄糖浓度高，水势下降，副卫细胞（或周围表皮细胞）的水分通过渗透作用进入保卫细胞，气孔便开放。黑暗时，光合作用停止，由于呼吸积累 CO_2 和 H_2CO_3，使 pH 值降低，淀粉磷酸化酶促使糖转化为淀粉，保卫细胞里葡萄糖浓度低，于是水势升高，水分从保卫细胞排出，气孔关闭。试验证明，叶片浮在 pH 值高的溶液中，可引起气孔张开；反之，则引起气孔关闭。但是，事实上保卫细胞中淀粉与糖的转化是相当缓慢的，因而难以解释气孔的快速开闭。试验表明，早上气孔刚开放时，淀粉明显消失而葡萄糖并没有相应增多；傍晚，气孔关闭后，淀粉确实重新增多，但葡萄糖含量也相当高。另外，某些植物保卫细胞中并没有淀粉。因此，用淀粉－糖转化学说解释气孔的开关在某些方面不能令人信服。

（二）无机离子吸收学说（inorganic ion uptake theory）

该学说认为，保卫细胞的渗透势是由钾离子浓度调节的。光合作用产生的 ATP，供给保卫细胞钾、氢离子交换泵做功，使钾离子进入保卫细胞，于是保卫细胞水势下降，气孔就张开。1967 年日本的 M. Fujino 观察到，在照光时漂浮于 KCl 溶液表面的鸭跖草保卫细胞钾离子浓度显著增加，气孔也就开放；转入黑暗或在光下改用 Na、Li 时，气孔就关闭。撕一片鸭跖草表皮浮于 KCl 溶液中，加入 ATP 就能使气孔在光下加速开放，说明钾离子泵被 ATP 开动。用电子探针微量分析仪测量证明，钾离子在开放或关闭的气孔中流动，可以充分说明，气孔的开关与钾离子浓度有关。

（三）苹果酸生成学说（malate production theory）

人们认为，苹果酸代谢影响着气孔的开闭。在光下，保卫细胞进行光合作用，由淀粉转化的葡萄糖通过糖酵解作用，转化为磷酸烯醇式丙酮酸（PEP），同时保卫细胞的 CO_2 浓度减少，pH 值上升，剩下的 CO_2 大部分转变成碳酸氢盐（HCO_3^-），在 PEP 羧化酶作用下，HCO_3^- 与 PEP 结合，形成草酰乙酸，再还原为苹果酸。苹果酸会产生 H^+，ATP 使 H–K 交换泵开动，质子进入副卫细胞或表皮细胞，而 K^+ 进入保卫细胞，于是保卫细胞水势下降，气孔就张开。此外，气孔的开闭与脱落酸（ABA）有关。当将极低浓度的 ABA 施于叶片时，气孔就关闭。后来发现，当叶片缺水时，叶组织中 ABA 浓度升高，随后气孔关闭。

五、气孔开闭的分子机理

由于气孔细胞内外细胞壁的强度不同，在内压低的情况下它会关闭，而在渗透压高的情况下它会开放。此外光强、光质、二氧化碳浓度以及植物激素生长素和脱落酸也可以控制气孔的开关，这些因素是通过膜电位来控制气孔的开关。在膜电位变负的情况下钾离子会流入气孔细胞，同时氯离子也会流入气孔细胞来维持电荷平衡，细胞内部会合成苹果酸。由于细胞内部的离子浓度升高，水会通过由水通道蛋白构成的小孔流入细胞，首先流入原生质，然后流入液泡。这个充水最后导致气孔细胞的膨胀和气孔的开放。

在黑暗的情况下膜电位为 $-55mV$，在有光的情况下膜电位可以上升到 $-110mV$（超极化）。这个超极化是通过光控的三磷酸腺苷酶造成的。这些三磷酸腺苷酶可以消耗三磷酸腺苷来将细胞内的质子泵到细胞外去。其作为动力的三磷酸腺苷可能是气孔细胞的光合作用所合成的。气孔细胞是植物叶上皮组织中唯一具有叶绿体的细胞。

在黑暗情况下三磷酸腺苷酶停工，膜电位回升到 $-55mV$，钾离子沿其浓度差出现细胞外流，随之氯离子也外流，水向外流，渗透压降低，气孔关闭。

六、气孔开闭与干旱

当空气中含水量下降，相对湿度降低，而叶片水分状况并未改变时，气孔导度降下，蒸腾降低，这种气孔的湿度反应不同于土壤干旱的胁迫反应，气孔较早关闭防止了叶片可能发生的水分亏缺和水位下降，因而将气孔的这种反应称为前馈式反应或气孔对干旱胁迫的预警系统。气孔的这种反应可以有效防止植物体内过度的水分亏缺，特别是对于那些生长在周期性高蒸发地区的植物和那些抗脱水能力弱的植物以及还没有适应干旱的植物。

在环境空气饱和下（VPD），保卫细胞通过表皮蒸腾失水，而这种水分的损失主要由周围的表皮和表皮腔来补充，并假定在水分亏缺增加的保卫细胞上，这种水流阻力是气孔周边蒸腾的函数。近年研究发现，在黑暗中当湿度改变、气孔关闭时，表皮膨压仍维持不变，且在光下表皮膨压与蒸腾呈负相关，这个结果证实周边蒸腾不能解释气孔的湿度反应。继而通过对细胞水分关系与气孔运动关系的研究，认为当空气湿度下降时蒸腾速率的降低可能来自于高的叶肉细胞膨压的降低，从而引起气孔关闭。通过对上述结果的分析，得知气孔对空气湿度的反应不是由周边蒸腾引起的，气孔的反应也不是一种前馈调节。虽然低湿度下整个叶片的水分状况并未发生变化，但在气孔复合体内由于叶片内部水流变化引起了细胞水分关系的改变。因此，气孔对空气湿度的反应似乎是前馈调节的反馈机制。

气孔对土壤干旱胁迫反应的传统观点认为，气孔开度受植物水分状况调节，是一种反馈式反应。当土壤变干，植物的水分供应减少，叶片水势下降，膨压随之降低而引起气孔关闭。在细胞水平上已经证明气孔器在对VPD反应过程中会产生这种反馈控制，然而植物整株水平上并不是所有植物都存在这种气孔的反馈反应。某些受旱植株幼苗在中午的叶水势甚至高于对照，这种高水势与较低的气孔导度有关，因此认为，在这些植物上与其说是水分状况控制了叶片的运动，不如说气孔运动控制了植物的水分状况。这种气孔运动能使植株在几分钟的时间内调节植物与大气之间的可逆气体交换，并使干物质生产与水分消耗间达到最优化。

七、干旱胁迫下气孔运动调控

在干旱胁迫条件下，如何对植物气孔运动进行调控，在减少水分的无效蒸腾时，且保持一定的光合作用能力，进一步提高植物的水分利用率，一直以来就是植物生理生态、遗传育种科学家关心和探讨的问题。到目前为止，关于干旱胁迫下气孔运动调控的途径主要有两种理论，即传统的水力信号（hydrulic signal）控制理论和化学信号（chemical signal）控制理论。传统水力学控制理论认为干旱胁迫下植物的气孔运动主要受叶片水分状况控制，而化学信号控制理论则认为在干旱胁迫下植物气孔运动源于受干旱根且随水流传递到气孔复合体的化学信号控制。

（一）水力信号（Hydraulic signal）控制理论

在 19 世纪，人们就发现对植物的局部伤害可以诱导出快速的系统反应，然而人们并不清楚植物的这种系统反应的控制机制。20 世纪 50 年代以来，随着研究人员对植物水分关系全面的研究，人们开始把植物水分状况与植物对外界刺激的系统反应联系起来，明确了植物水分状况受外界刺激转化的植物反应过程，开始提出植物水力信号学说。

水力信号学说认为植物体内具有非常发达的水分运输系统和丰富的含水量，在正常情况下，植物体内的维管组织构成了一个运输效率高、运输速率快、运输阻力小的水链系统。在这一系统中，由根部到叶片的水势逐渐降低。在干旱胁迫条件下，叶片不断萎蔫失水，根部则持续吸收水分，在体内始终维持一定的水势差。当植物遇到外界刺激引起植物体内水分状况改变时，这种水分状况的变化作为一种信号，沿着植物体内的水流系统传递到植物体的各个部分，从而引起植物的系统反应。另外，植物水分状况与其气孔导度密切相关的研究结论，也证实了水力信号理论同样适用于干旱胁迫条件下的气孔控制，也就是说干旱胁迫条件下的气孔运动受水力信号的控制。

虽然水力信号控制理论在解释某些植物在干旱胁迫条件下的气孔反应方面取得了成功，却很难说明某些植物在干旱胁迫条件下的气孔行为，因而才导致了化学信号控制理论的提出。

（二）化学信号（Chemical signal）控制理论

化学信号控制理论认为在干旱胁迫下植物气孔运动源于受干旱根且随水流传递到气孔复合体的化学信号控制。当植物受到土壤干旱时，植物的根系作为土壤干旱的感受器而感受到干旱胁迫，并随之产生某种化学物质，随水流叶片上的气孔复合体而关闭气孔。许多实验结果证实了该学说的正确性。研究人员通过大量的研究工作证实了植物内源激素 ABA 在干旱胁迫条件下会大量积累，并降低气孔导度，进而抑制植物生长。因此，ABA 作为一种激素胁迫已经成为了化学信号学说的核心内容。

ABA 即脱落酸（abscisic acid，ABA），脱落酸是一种具有倍半萜结构的植物激素。1963 年美国艾迪科特等从棉铃中提纯了一种物质能显著促进棉苗外植体叶柄脱落，称为脱落素Ⅱ。英国韦尔林等也从短日照条件下的槭树叶片中提纯一种物质，能控制落叶树木的休眠，称为休眠素。1965年证实，脱落素Ⅱ和休眠素为同一种物质，统一命名为脱落酸。

ABA与生长素、乙烯、赤霉素、细胞分裂素并称为植物五大激素，它可以提高植物的耐旱和耐盐力，对于逆境生产实践具有极高的价值。在干旱胁迫条件下，植物叶片中ABA的含量增多，引起气孔关闭。这是由于ABA促使保卫细胞的K^+外渗，细胞失水使气孔关闭。用ABA水溶液喷施植物叶片，可使气孔关闭，降低蒸腾速率。

另外，ABA是启动植物体内抗逆基因表达的"第一信使"，可有效激活植物体内抗逆免疫系统。具有培源固本，增强植物综合抗性（抗旱、抗热、抗寒、抗病虫、抗盐碱等）的能力。对农业生产上抗旱节水、减灾保产和生态环境的恢复具有重要作用。

对ABA及其应答基因的研究可揭示植物抗逆生理反应的分子过程，从而为定向增强作物对环境的适应力奠定基础。

第四节　根系与耐旱适应

根系是植物的营养器官，通常位于地表以下，负责吸收土壤里面的水分及溶解其中的离子，并且具有支持、储存合成有机物质的作用。根系从土壤中吸收水分的最活跃部位，是根端的根毛区。通常仅由根系的活动而引起的吸水现象，称为主动吸水，而把由地上部分的蒸腾作用所产生的吸水过程，称被动吸水。根系从土壤中吸收矿物质是一个主动的生理过程，它与水分的吸收之间各自保持着相对的独立性。

研究表明，根部表皮细胞木质化或木栓化部分吸水能力很弱，根的吸水主要在根系末梢进行。在根的末梢以根毛区的吸水能力最大，根冠、分生区和伸长区吸水能力较弱。植物依靠根系吸水，然而土壤水分过多或缺失都会限制根系的生长及其功能的正常发挥。土壤中水分过多会造成缺氧，导致许多根系死亡，土壤水分的缺失则会造成根系的停止生长，根系生长量减小，从而直接影响植物的正常生长。

一、根系生长发育分布与干旱胁迫

根系的生长发育状态与吸水能力密不可分。当根系生长发育完成时，在同样土壤干旱胁迫的条件下，会比根系尚未生长发育完全的植株所受的损害小。

（一）根系与土壤水分

土壤水分由于重力影响，在1~2m的土壤层中呈一定的梯度分布，在没有自然降水和人工灌溉时，一般是地表比较干旱，地下深处水分较多。根系由于趋水性，自然而然地向地下深层土壤进行垂直下扎。在黄土高原，由于长期干旱少雨，又没有地下水补给，往往会在更深的土壤层中出现干层，在土壤干层中就没有根系分布。由于自然降水和人工灌溉有限，水分很难渗透到更深的土层，因此也决定了根系的深浅分布。另外，根系的大小和下扎深度在一定程度上还受土壤密度、肥料养分的分布影响。

（二）植物的根系

对于单一植物来说，在干旱胁迫条件下，大而长的根有利于吸水抗旱。但对不同植物来讲，植物根型、深浅和体积大小因植物类型和品种的不同而不同，与植物抗旱性没有对应关系。因此，并不是耐旱耐瘠的植物根系分布就深。而一般生育期较短，耐旱耐瘠和喜欢冷凉气候类型的植物，根系分布较浅。

（三）根系发育分布与干旱胁迫

不同土壤水分条件下，根系的水平或垂直方向的伸展是不同的。如果土壤水分在冬季可以得到补充，而且达到一定深度，那么在生长季节无降水或少降水的情况下，根系则会偏向垂直伸展，根系深而分布窄。如果土壤含水量来源于生长季节的降水，且降水量有限，上部土层含水量较为丰富，根系则会向偏向于水平方向伸展，根系浅而分布面积广。这两种方法都可以保证作物吸收足够的水分，从而完成生长。

从某种意义上讲，根系的分布可以随着土壤含水量的变化而变化，以更好地适应干旱胁迫。在干旱胁迫时我们经常会观察到根冠比增大的现象。根冠比主要是由于在干旱胁迫条件下茎叶生长比根生长受到更大的抑制所致。只有较少的研究结果或证据说明根干重的绝对增加是对干旱胁迫的响应。根干重与根长、根密度相比，根干重并不能完全说明干旱胁迫对根系生长与水分关系的影响。

二、根系生长形态与干旱胁迫

经过大量的研究发现，在不同的环境条件下，根系生长形态表现的不同。大田及盆栽试验表明：单株次生根数、根干重与地上部干重、分枝数、光合强度呈正相关。根干重与根体积、总吸收面积、活性吸收面积呈正相关。土壤水分为最大持水量的70%左右，最有利于植物的生长。

土壤一旦遭遇干旱，根系的形态就会发生明显变化：当土壤相对含水量低于60%时，单株次生根数明显减少，低于50%时，单株根量显著下降，根冠比与土壤含水量呈极为显著的负相关。另外，在渗透胁迫条件下，不同耐旱性植物品种根干重、根体积、根长度均减小，根系变细，分枝减少，根系活力明显下降，干物质分配趋向根系。在不同程度的胁迫条件下，根干重、单株生产量和叶面积在品种间变化趋向一致。实验表明，水分胁迫下0~10cm土层中的根系活力比10~30cm土层中的根系活力低，因此说明胁迫条件下，深层根系活力提高弥补了上层根系活力的降低，从而保证了水分的吸收。

在土壤干旱胁迫条件下，根系的某些形态、解剖及细胞超微结构会产生一系列变化。土壤干旱胁迫条件下，根系生长势弱，根尖距根毛区短，渍水条件下，根系的根尖距根毛区明显较长，但分枝和根毛少。分布于土壤深层的根由于所处土壤湿润，其表皮和皮层细胞健全，表明仍具有吸收活力。

　　根系在形态上可塑性非常大，土壤结构和季节温度的变化也可能引起根系在形态上的变化。就典型的旱生植物而言，根系会出现适应性表现：根系分布浅而广；根的皮层厚且木质化程度高，以便于贮水和防止水分从根部丧失。

　　对于一般植物来讲，要提高耐旱能力，在选育耐旱品种时要注意根深、根长、根密度和增加根内水分流动的垂直方向阻力、减少横向阻力等方面，这样的根系结构更有助于吸水和保水。

第二章　苜蓿水分胁迫生理

第一节　水分胁迫

一、水分胁迫的含义

（一）水分胁迫

水分亏缺也称干旱胁迫，指植物组织缺水已达正常生理活动受干扰的程度。从广义上理解，水分亏缺不仅仅指土壤干旱和大气干燥所造成的牧草组织缺水，凡一切限制牧草吸水困难的因素都应包括在内。如土壤温度过低，常常引起根系吸水困难而萎蔫；淹水、冷冻同样会造成牧草缺水而枯死；土壤盐分积累会降低土壤溶液的渗透势，牧草体内的水分被土壤夺去最终形成一种生理干旱状态等。不过，我们一般所指的干旱是降水稀少或降水与牧草临界期或播种期不相吻合的一种现象。因此，狭义上讲，干旱就是牧草因土壤缺水或大气干燥而引起的旱象或旱情。

水分胁迫是渗透胁迫的一种，渗透胁迫可泛指环境与生物之间由于渗透势的不平衡而形成对生物的一种胁迫，当环境渗透势低于植物细胞渗透势而导致细胞失水，可造成细胞膨压的下降甚至完全丧失。干旱胁迫会引起植物生理脱水，导致细胞和组织的水势降低，进而影响植物的各种生理过程。

（二）水势

水分亏缺指缺水已达正常生理活动受到干扰的程度，但是植物正常生理活动的范围到底有多大，当水分亏缺达到什么程度时这种异常生理活动才会出现，似乎很难判断。

生理上，干旱胁迫发生的时间，植株、器官和组织的水分状况通常用水势（Ψ_w）来描述。水的化学势差除以偏摩尔体积所得的商就是水势。但实际中我们应用的只是一个相对值，其比较的基准是人为地确定纯水的水势为零，在常态下为最大值，当在纯水中溶解有任何物质如糖、盐时，由于溶质质点与水分子的相互作用，水分的自由能下降。所以，任何溶液的水势总是比纯水低，其值小于零为负值。对于一个植物细胞来说，对水势有贡献的组分包括渗透势（Ψ_Π）和压力势（Ψ_p），即 $\Psi_w = \Psi_\Pi + \Psi_p$。在原生质中，压力势是膨压，通常假定 $\Psi_p \geq 0$。如果没有水通过质膜，则细胞壁和细胞质的水势一样多。实际上细胞壁中的 Ψ_Π 比细胞质中的少，因此除了吐水阶段细胞壁的压力势 $\Psi_p \leq 0$。对于一个具有厚的细胞壁和较大液泡的典型植物细胞来说，水势还有一个组分是衬质势（Ψ_m），即 $\Psi_w = \Psi_\Pi + \Psi_p + \Psi_m$；但是宏观测量中 Ψ_Π 或 Ψ_p 往往已包含衬质势。

（三）水分胁迫的影响

干旱胁迫对植物的影响是多方面的。但最根本的是由于干旱时土壤有效水分亏缺，叶子蒸腾失水得不到补偿，引起细胞原生质脱水，细胞水势继续下降，将给植物生理与代谢带来深刻的影响。研究证明，很多植物在细胞水势降低到 −14~−15Pa 时，很多生理过程与植株的生长都降到很低水平，甚至完全停止。在 −8~−15Pa 水势范围内，降低水势的有害影响主要是随原生质脱水，组成原生质的生物大分子空间的关系发生了异常，使原生质的结构、运动、弹性、黏性等都受到了损伤。当继续脱水到 −15Pa 以下，如时间短暂，多数植物尚可恢复；倘若时间延长，则除耐旱植物外，一般中生植物已经受到不可逆的危害。

第二节　水分胁迫作用机理

干旱对植物的损伤首先是由于植物失水超过了根系吸水，破坏体内水分平衡。随细胞水势降低，膨压降低而出现了叶片萎蔫现象，萎蔫分暂时萎蔫与永久萎蔫两种。夏季中午由于强光高温叶面蒸腾量剧增，根系吸水一时不能加以补偿，叶片临时出现萎蔫，但到下午随蒸腾降低或者浇水灌溉时，当根系吸水满足叶子需求，植株即可恢复正常，这叫暂时萎蔫。它是植物经常发生的适应现象，尤其阔叶植物叶片愈大这种现象愈为明显。萎蔫当时由于气孔关闭可以节制水分散失，所以萎蔫是植物对水分亏缺的一种适应调节反应，对植物是有利的。再者，暂时萎蔫只是叶肉细胞临时水分失调，并未造成原生质严重脱水，对植物不产生破坏性的影响。所谓永久萎蔫是植物萎蔫之后，降低蒸腾时仍不能恢复正常，必须灌溉或降雨后才逐渐恢复正常，甚至已不能完全恢复正常。它给植物造成严重的危害。永久萎蔫与暂时萎蔫的根本差别在于前者原生质发生了严重脱水，引起一系列生理生化的变化，虽然暂时萎蔫也给植物带来一定损害，但通常所说的旱害实际上是指永久萎蔫对植物所产生的不利影响。原生质脱水是旱害的核心，原生质脱水造成一系列损害。

一、破坏细胞膜上脂层分子的排列

植物脱水时，细胞质膜的透性增加，首先是电解质外渗，其次如氨基酸、糖分子等有机物也可大量外流。细胞溶质外渗的原因是破坏了原生质膜脂类双分子排列。因为在正常情况下，膜内脂类分子呈双分子层排列，这种排列主要靠磷脂极性根同水分子相互连接，而把它们包含在水分子之间。所以膜内必须束缚一定量水分才能保持膜中脂类分子的双层排列，当干旱使得细胞严重脱水（含水量降低到20%），直至不能保持膜内必需水分时，膜结构即发生变化。

二、破坏正常代谢过程

细胞脱水对植物代谢破坏的特点是抑制合成代谢而加强了分解代谢，

这主要体现在光合作用和呼吸作用的变化、酶代谢、氮代谢和植物激素的变化上。

（一）光合作用和呼吸作用

光合作用是一切生物直接或间接的能量来源，是植物进行正常生命活动的一个基本功能。光合和呼吸构成自养生物的基本矛盾，决定植物的生长发育及最终产量。

1. 光合作用的变化

水分胁迫使植物叶片光合速率下降。干旱抑制叶片伸展，引起气孔关闭，减少二氧化碳（CO_2）摄取量，增加叶肉细胞阻力，降低光合作用过程中相关酶活性，最终影响 CO_2 的固定还原和光合同化力的形成，使叶片光合速率降低。

研究发现，干旱对光合作用的影响过程可分为两个阶段，第一阶段指水分胁迫期间光合作用的变化过程，这一过程包括气孔因素和非气孔因素效应。一般缓慢干旱处理或干旱初期气孔效应的贡献大，但随着水分胁迫程度增强或胁迫时间延长，气孔效应渐向非气孔效应转变。第二阶段指水分胁迫解除后光合作用恢复阶段，即光合作用后效。

轻度水分胁迫下，光合速率下降的主要原因是气孔限制。这时气孔不完全开放，CO_2 由外界向细胞内扩散的阻力增加，CO_2 供应减少，导致光合作用降低。在这种情况下，叶片的光合速率、气孔导度、胞间 CO_2 浓度呈下降趋势。重度水分胁迫下，气孔因素对光合作用的限制作用下降，此时光合作用的主要限制因素为非气孔因素。即叶肉细胞光合活性降低，使胞间 CO_2 浓度增加，其中包括叶肉细胞的叶绿体等超微体结构严重损伤、破坏，光系统活力下降，电子传递和光合磷酸化受抑制，CO_2 固定与还原过程发生变化。其中以碳素同化的关键酶——1，5－二磷酸核酮糖羧化酶（RuBPC）活性的降低为主。适度水分胁迫会使 RuBPC 活性增加，但也有研究认为 RuBPC 活性不受水分胁迫的影响。此外干旱胁迫还会导致叶绿素含量减少，蛋白质含量下降，膜透性增大，从而造成光合活性和光合速率的降低。

植物经受短期而轻度胁迫处理之后及时解除干旱，一般来说，光合作用能完全恢复。然而，在严重或长期干旱后恢复供水，光合作用会表现出干旱的后效应，这种后效应与干旱的严重程度呈正相关。水分胁迫引起光合作用后效应的原因主要有两种：一是植物体内水柱断裂，引起运输途径的改变，水分运输阻力变大。虽然恢复供水，但叶子仍为干旱所迫，往往需要经过几天的时间才能恢复到正常的光合作用水平，在此期间光合作用常常受到限制。二是水分胁迫直接造成气孔因素和非气孔因素的滞后效应，虽然供水后受旱植物已充分恢复光合作用，但气孔因素和非气孔因素常需较长时间来恢复其功能，在恢复期间光合作用一般都很低。

2. 呼吸作用的变化

干旱对呼吸作用的影响比较复杂。如前所述，呼吸强度随水势降低而下降，不过下降过程比较缓慢，这可能是由于气孔关闭后虽然 CO_2 与 O_2 扩散阻抗都增大，但是光合作用仍可为呼吸作用提供部分 O_2，从而能保持一定呼吸强度。但也发现一些植物在干旱时呼吸强度增高，这种现象尚无明确的解释。根据呼吸作用生化反应，有人假定，这是由于线粒体膜的破坏，阻碍了呼吸的电子传递过程；破坏了呼吸链与氧化磷酸化的偶联，或者说是由于抑制了有氧呼吸，因巴斯德效应而增加了无氧呼吸的结果。如果是这样，呼吸强度增高将造成植物营养物质消耗，加速了代谢失调。

（二）酶的代谢

水分胁迫下，植物体内的酶活性发生一系列变化。这些变化可以分为两类：一类是在植物遭受水分胁迫时，酶活性伴随增加；另一类是在植物遭受水分胁迫时，酶活性下降。

干旱胁迫下，酶活性趋于增加的酶通常是一些水解酶或与水解酶有关的一些酶，以及一些氧化酶，如核糖核酸酶、过氧化物酶等。但是，研究发现，随着干旱胁迫的加重或干旱时间的延长，这些酶的活性最终呈下降趋势。如过氧化物酶在干旱胁迫最初 2d 中，其活性一直表现增加，但随着干旱进程的发展，当干旱时间达 6d 以上时，酶活性则降低。与此相反，一些与合成有关的酶在干旱胁迫下活性下降，如纤维素酶、磷酸烯醇丙酮酸羧激酶、磷酸核酮糖激酶等。但也有一些酶活性反而受激呈增加趋势，如干旱胁迫下脯氨酸增加，发现二氢吡咯 -5- 羧酸还原酶活性也得到提高。

这说明水分胁迫能显著影响酶活性的变化，但水分胁迫的强度或时间则与酶活性变化有密切关系。轻度水分胁迫或缓慢干旱下，与水解酶有关的酶活性一般显著增加，但在严重水分胁迫或长时间水分胁迫下，其酶活性显著下降。无论如何，严重水分胁迫使所有酶活性都下降。

（三）氮代谢

1. 蛋白质与游离氨基酸代谢

干旱时植物发生脱水，细胞内蛋白质合成减弱，而分解作用加强，因而体内蛋白质的含量降低，与此同时游离氨基酸增多。这一方面是由于蛋白质合成代谢受阻和水解酶活性增强；另一方面，干旱时光合与呼吸作用减弱，二者所提供的用于合成的能量（三磷酸腺苷 ATP）减少，导致蛋白质分解。蛋白质分解加速了叶子衰老与死亡，而复水后蛋白质合成迅速恢复。所以植物经干旱后，在灌溉或降雨时适当增施氮肥有利于蛋白质合成，补偿干旱的有害影响。

在氨基酸代谢中，对脯氨酸的研究最广也最深，所以这里重点讨论脯氨酸的代谢变化。水分胁迫能诱导植物体内脯氨酸的大量积累，因而以前普遍认为脯氨酸的积累能力与植物品种的耐旱性呈正相关。但近期许多研究认为脯氨酸的含量与作物的耐旱性无关。研究认为，在不同生态类型植物中，脯氨酸的积累并不普遍。试验发现，水分胁迫下脯氨酸的积累与代谢无遗传差异，并认为脯氨酸的大量积累只是植物在严重水分胁迫下的一种损伤表现。研究指出，在水分胁迫下不同耐旱品种或同一耐旱品种在不同干旱胁迫下植株脯氨酸的高积累可能是品种耐干旱或增强耐旱性的表现，也可能是由于避旱能力较差而使器官遭受较严重的胁迫，是一种受害的表现。

2. 核酸代谢

核酸是生命的主宰，它控制着蛋白质的生物合成。通过人工干旱（渗透脱水），如将植物组织置于一定浓度的高渗溶液中，发现随细胞脱水，组织内 RNA 与 DNA 含量减少。实际上干旱条件下 RNA 含量有所降低，复水后很快恢复；但 DNA 含量非常稳定，只在严重水分胁迫下才显著减少。研究证明，RNA 减少一方面是由于干旱促使 RNA 酶活性增加，加强了 RNA 分解；另一方面是由于 DNA、RNA 合成代谢减弱。核酸合成受到抑制主要是因为 RNA 酶破坏了结合在核糖体和多聚核糖体上的 mRNA，从而破坏了蛋白质合成的模板，阻碍了各种酶蛋白的形成，导致核酸与蛋白质合成代谢受到抑制。

（四）植物激素的变化

干旱对植物内源激素的影响，总的趋势是促进生长的激素减少，而延缓或抑制生长的激素增多。目前公认的植物激素有 5 类：生长素、赤霉素、细胞分裂素、乙烯和脱落酸（ABA），前三种都有明显促进植物生长和发育的作用，而后二者则对植物的生长发育起抑制作用。干旱时，ABA 的变化最大，对它的研究也最多。

ABA 是一种延长休眠、抑制发芽的植物激素。水分胁迫下植物体内 ABA 的大量积累是一种普遍的生理反应。

ABA 随水分胁迫时间的延长和水分胁迫强度的增加表现为先增加后降低的单峰曲线趋势。干旱胁迫下 ABA 的增加存在一个阈值，在一定的叶水势下才开始。进一步研究发现，当膨压丧失后植物才发生 ABA 的积累，而且 ABA 降解速度下降是膨压的函数。

干旱胁迫下植物体内 ABA 大量积累的作用主要是关闭气孔。缺水条件下，气孔关闭对减少水分进一步丧失具有很重要的作用，这样看来，ABA 对植物的抗旱性有一定重要意义。除此之外，ABA 积累还对渗透调节、增加根对水的透性，以及对离子吸收、物质运输都有直接作用。ABA 的另一个明显作用就是促进叶片脱落，以及诱导脯氨酸的积累。研究认为，ABA 除影响植物水分平衡外，在延缓细胞损伤方面可能也有更普遍的作用。然而，干旱下 ABA 的积累也有不利的影响，如抑制蛋白质、RNA 和 DNA 的合成。

水分胁迫下，细胞分裂素（CK）含量降低。研究发现，CK 含量的降低与 ABA 的增加有密切关系，而且 ABA/CK 值影响水分胁迫时气孔的反应。缺水时，ABA/CK 值明显增大，气孔随之关闭，同时也伴随着脯氨酸的明显积累。

三、某些渗透调节物质的积累

在一定的胁迫范围内，某些植物能通过自身细胞的渗透调节作用表现出对外界渗透胁迫的抵抗。所谓渗透调节作用是指细胞内渗透势变化所表现出的调节作用，通过渗透调节可以完全或不完全地维持细胞膨压，进而保护光合器官，维持部分气孔开放和一定的光合作用强度，从而避免或减轻光合器官所受到的光抑制作用，同时渗透调节可保持细胞继续生长。研究发现，渗透调节可使叶片光合速率下降的气孔限制向叶肉细胞光合活性限制的时间拖延，使光合器官在低水势下维持较高的运行水平；经过缓慢光合处理的叶片具有一定的光合器官调节能力，其叶绿体光合活性、1，5－二磷酸核酮糖羧化酶再生能力和羧化效率在低水势受到的抑制明显小于快速干旱处理的叶片。干旱处理的叶片通过渗透调节维持叶片膨压使气孔关闭的临界水势降低，有利于叶肉细胞间隙 CO_2 含量保持较高水平，从而避免或减小光合器官的光抑制作用，在快速干旱下叶绿素 a 的可见荧光迅速丧失，致使光合系统 Ⅱ（PS Ⅱ）受到损害，缓慢干旱下叶片可保持较高的 PS Ⅱ活性。

干旱胁迫下植物体内积累的渗透调节物质包括可溶性糖、脯氨酸、甜菜碱及一些离子等，这些物质的积累使植物细胞渗透势下降，这样植物可从外界继续吸水，保持细胞膨压，使体内各种代谢过程正常进行。不同植物种类和品种的渗透调节能力不同，但是渗透调节并不能完全维持生理过程，即使在能进行渗透调节的水势变化范围内，干旱的影响仍然存在，如气孔扩散阻力增加、生长速度下降等，这说明渗透调节的幅度也是有限的。

第三节　苜蓿水分胁迫生理响应

一、气孔调节

气孔构成控制蒸腾作用的主要系统。苜蓿叶片上表面的气孔密度最大，但是它的扩散性导度比叶片下表面的要低，这就说明与下表面相比，叶片上表面的气孔很少开放，且气孔长度较短。研究测量了田间生长苜蓿的气孔密度，发现最高结节的小叶比低结节小叶的气孔密度高。第一结节和第三结节远轴面的平均气孔密度分别为 181/mm 和 166/mm，近轴面的气孔密度（平均 217/mm）高于远轴面的（174/mm）。实验发现，尽管不同苜蓿品种的气孔密度存在差异，但它们的作用效果相似。

苜蓿气孔能随着昼夜的变化调节水分损失和 CO_2 吸收。据报道，日出后水分充足条件下，苜蓿的气孔导度增强（黎明前和中午的水势分别为 −0.5MPa 和 −1.0MPa），在 10:00~12:00 达到最高峰（最高 3.3cm/s），中午和下午开始下降，直到日落时气孔关闭。植物水分亏缺不太严重时，蒸腾作用最低时（早晨和黄昏）叶的气孔导度最大，中午则最小。植物受到极端的水分胁迫时（黎明前和中午的水势分别为 −2.0 和 −4.5，全天气孔导度都很低（0.1~0.3 cm/s）。

尽管对于气孔关闭的临界水势的研究报道不太一致，但是可以肯定，苜蓿气孔对水势的变化相当敏感。研究报道，水势为 −1.2MPa 时，气孔导度开始下降，且直线下降，直到水势达到 −2.5MPa 时才停止；高温比低温时的下降率更高。水势 < −2.5MPa 时，气孔对水势的变化不再敏感，但是如果蒸腾作用继续减弱，就预示着气孔关闭不完全或者表皮传导。由于苜蓿生长的最低限度是水势 < −1.0~ −1.5MPa，因此在水分缺乏限制植物生长时，有相当多的水分损失掉。温室试验发现，在盛花期时，苜蓿由

于水势下降引起的叶片气孔导度下降在盛花期重于营养生长期，解除水分胁迫后，气孔在32h内恢复活力。

正常情况下，Campos苜蓿生长于干旱环境，而Aragon苜蓿则在灌溉条件下生长，研究者就二者在水分亏缺时气孔的反应做了对比，发现土壤含水量低时，Campos（水势为–1.7MPa）与Aragon（水势为–1.4MPa）的气孔导度相似，而水分恢复后Aragon的气孔导度恢复得更快。研究报道，对于苜蓿抗寒品种Cody和非抗寒品种Sonora，它们在水分胁迫下的气孔导度与重新供水后恢复了的气孔导度无差异。实验发现Vernal基因型苜蓿的光合速率（测定CO_2交换率，CER）与叶片气孔导度之间的相关性，在接近补偿浓度的CO_2浓度下，高光合速率基因型的叶片气孔导度比低光合速率基因型的高。

关于倍性效应，研究认为，八倍体苜蓿比四倍体和二倍体苜蓿的蒸腾作用都高，与四倍体和二倍体相比，八倍体的蒸腾作用更强，这可能是它的叶面积较大的缘故。人们曾研究了二倍体、四倍体和八倍体苜蓿，以及其亲本，还有二倍体和四倍体水平上杂种的光合作用率、蒸腾作用、叶的扩散性抵抗力、气孔大小、气孔密度和叶面积，并认为与多倍体相比，增大杂交种叶面积、光合作用率和蒸腾作用比较容易成功。

二、光合性能的变化

尽管我们已对苜蓿的光合作用和呼吸作用做了许多研究，但是很少有人研究水分胁迫在这些过程中的作用。实验认为，苜蓿的叶片光合作用随水分胁迫而降低，并且受水分胁迫强度的影响。

研究曾报道，–0.45MPa的衬质势诱导苜蓿产生胁迫，这时光合作用和呼吸作用都减少40%。另有研究，在芽期、开花期和结实期，使土壤含水量降到田间持水量的37%~40%，维持10d，光合作用降低22%~35%，蒸腾作用降低20%~28%。有人就水分亏缺对饲料作物的影响做了研究，他们推断当水分亏缺到足以使气孔关闭和光合作用抑制时，暗呼吸和光呼吸作用下降；不过呼吸作用比净光能合成下降得要少。

研究指出，苜蓿叶片 CO_2 交换率和蒸腾率明显受水分胁迫的抑制，在水势高于 $-2.8MPa$ 时，CO_2 交换率降低主要是由气孔关闭所致，在严重水分胁迫下，则主要受光合活性的直接影响；同时在叶水势 $>-2.8MPa$ 时，胞间 CO_2 浓度降低；在严重水分胁迫下（叶水势 $<-2.8MPa$），胞间 CO_2 浓度显著上升，并达到轻度水平胁迫下（叶水势 $-1.6MPa$）的水平。研究报道，在暂时水分胁迫下，苜蓿的光饱和点下降，产量明显降低；水分胁迫下核酮糖 -1，$5-$ 二磷酸羧化酶 Rubisco 活性和蛋白质含量明显下降，而且在复水后并未回升，而在严重水分胁迫下叶绿素含量下降 50%，认为该胁迫强度下光合作用的抑制主要是由于叶绿体降解引起的。研究指出，在水分胁迫期间，尽管胞间 CO_2 保持不变，光合速率下降主要是由于叶绿体中 CO_2 浓度下降；在对苜蓿的研究中指出，渗透调节能力可保持水分胁迫和复水下的一定的光合活性，渗透调节可减弱过多激发的能量和光损伤对光合器官的伤害，Rubisco 活性随干旱胁迫的增加体外活性降低，复水后 Rubisco 活性仍很低。实验发现，在水分胁迫下苜蓿光合速率的下降大约有 50% 是由非气孔因素产生的。

水分胁迫下净光合速率的下降是植物产量下降的主要原因。水分胁迫下不同苜蓿品种的净光合速率变化不同。研究曾比较了 4 个苜蓿品种（WL323 苜蓿、Vector 苜蓿、敖汉苜蓿和皇后苜蓿）在不同水分胁迫下的光合速率的变化情况，发现不同水分胁迫强度下敖汉苜蓿的净光合速率都保持在较高的水平，而且敖汉苜蓿的净光合速率在重度水分胁迫下才开始下降，且下降幅度较小。总之，苜蓿叶片的净光合速率随水分胁迫强度的增加总体呈现下降趋势。进一步相关分析得出，净光合速率与气孔导度在轻度和中度水分胁迫下呈正相关，而重度水分胁迫下则呈反相关。说明轻度和中度水分胁迫下净光合速率的降低与气孔关闭有关，在重度水分胁迫下可能是气孔的关闭降低了蒸腾量，使苜蓿体内维持了正常的水分状况，减少了胁迫对光合器官的损伤。

三、蒸腾作用

叶面积指数 LAI ≥ 3（ ≈ 80％的辐射能吸收，T ≈ ET）、水分供应充足的苜蓿，其蒸腾强度较高。例如，田间测试蒸腾强度为 14mm/d，日间最大的蒸腾强度为 1.6mm/h。全覆盖、水分充足作物的蒸腾作用主要取决于气象热的供给，其蒸腾作用与具有相当大反射率（太阳辐射的反射）和对流热转移特性的湿表面相近。这种高蒸腾强度在于以下几个因素：①高气孔导度（1.5~3cm/s）；②叶较小且边界层的导度高；③茎的密度高导致平行水力导度高；④根的密度高。苜蓿被刈割以后（LAI 可以忽略），蒸腾作用也可以忽略，地表面湿润时其蒸发作用与湿润地区全覆盖苜蓿的蒸腾蒸发作用不相上下；但是如果地表面是干的，可能只相当于全覆盖的 20％的蒸腾作用。再生草长出时 LAI 增大，作为全覆盖一部分的蒸腾作用增强，且其增强与叶截取的辐射能的增加成比例；枝叶也得到大量的对流热。因此，LAI<3 时蒸腾作用最大；尤其是 LAI 为 1.5~2.0 时，这时大约 2/3 的辐射能被吸收。

土壤水分下降，上部根区的土壤水势降低，直到气孔开始关闭水势（Ψ_w）才停止下降，日蒸腾作用降到受气候驱使的最大蒸腾作用以下。土壤含水量继续下降时，气孔进一步关闭并且持续更长的时间（气孔的抵抗力提高），日蒸腾或蒸发作用降到最大蒸腾或蒸发作用以下。这是因为植物蒸腾作用增强使得水势下降，但水势下降的"临界"值在某种程度上与蒸腾效率不同。因而，仅有少量消耗时，蒸腾作用强的天气里植物更容易萎蔫。

苜蓿能很好地解决光合和蒸腾方面的矛盾。适宜条件下，苜蓿的气孔通常是全天开放的，整个晚间完全关闭。水分胁迫时，则于中午部分甚至完全关闭，而中午关闭后夜间则开放，也有试验研究了水分临界期及现蕾期、盛花期和结实期 8 种苜蓿品种的气孔日变化和蒸腾强度的变化并发现，现蕾期气孔开闭最明显，盛花期幅度较小，结荚期不太规律。以现蕾期为例，其中 5 个苜蓿品种在清晨 5:30 以后，气孔开始开放，到 9:30，无论是气孔的开放程度，还是气孔开放数量都达到最大值，9:30 以后就有部分气孔开始关闭了，11:30 以后到 16:30 基本上完全关闭。8:00 气孔张开达最大限度的只有 1 种，然后开始关闭，到 12:00 呈完全关闭状态，14:00 又开始开放，但呈半开放状态，15:00 时之后又开始关闭。7:30 出现气孔开放高峰的有 2 个品种，其中，公农 1 号从 10:30~17:00 呈关闭状态，苏联 1 号苜蓿在 12:30 进入关闭期，17:00 以前结束关闭。蒸腾的变化与气孔变化有类似的现象。另外，需要指出的是，虽然 8 个苜蓿品种中大多数气孔日变化规律相近，但其在气孔关闭期间，其关闭快慢有明显的差别，因而也有质的不同。以渭南苜蓿和肇东苜蓿 2 个品种为例，这 2 个苜蓿品种大约在 8:30 气孔都开始关闭，但渭南苜蓿气孔缩小比肇东苜蓿气孔要缓慢一些，这样渭南苜蓿可利用半开放的气孔继续进行光合作用，实际上与肇东苜蓿相比，它进行光合作用的时间长。

四、某些渗透物质的变化

（一）甜菜碱

研究指出，甜菜碱作为渗透调节物质，其含量必须高到一定程度才能起到渗透调节的作用。研究曾比较了 4 个苜蓿品种 WL323 苜蓿、Vector 苜蓿、敖汉苜蓿和皇后苜蓿在水分胁迫下甜菜碱的含量，发现不同苜蓿品种的甜菜碱在水分胁迫下均增加。4 个品种在对照和轻度水分胁迫下甜菜碱含量都较低；敖汉苜蓿在中度水分胁迫下每千克鲜重甜菜碱含量较高（314mg），明显高于其他品种；重度水分胁迫下甜菜碱含量较高的品种有 WL323 苜蓿、Vector 苜蓿和敖汉苜蓿，每千克鲜重甜菜碱含量分别为 322.44mg、313.38mg 和 210.83mg。因此，敖汉苜蓿在中度和重度水分胁迫下干旱适应的渗透调节作用较大，而 WL323 苜蓿和 Vector 苜蓿在重度水分胁迫下才具有较大的渗透调节作用，皇后苜蓿在不同水分胁迫下的渗透调节作用都很小。另外，不同苜蓿品种甜菜碱的含量和甜菜碱大量积累的时期也不同，二者可能与苜蓿品种的抗旱性有关。

（二）脱落酸（ABA）

研究也曾比较了 4 个苜蓿品种 WL323 苜蓿、Vector 苜蓿、敖汉苜蓿和皇后苜蓿在不同水分胁迫下 ABA 含量的变化，发现敖汉苜蓿和皇后苜蓿在水分胁迫下 ABA 含量变化较大，在中度和重度水分胁迫下都高于其他两个品种，并推断它们的耐旱性强于其他两个品种。另外苜蓿品种的 ABA 大量积累出现在不同水分胁迫强度下，敖汉苜蓿的 ABA 含量在轻度和重度水分胁迫下大幅度增加，而 Vector 苜蓿和皇后苜蓿只在中度水分胁迫下才大幅度增加。不同苜蓿品种 ABA 大量积累的水分胁迫强度可能与水分胁迫下叶片水分饱和亏缺的高低有关，轻度水分胁迫下苜蓿叶片较高的水分饱和亏缺对 ABA 的积累有重要作用；水分胁迫下苜蓿叶片 ABA 可能通过提高甜菜碱醛脱氢酶活性来影响甜菜碱含量的变化。

五、共生关系

水分亏缺会抑制豆科植物固氮作用。根瘤菌的生存、增殖以及运动对固氮需要的共生关系极为重要。因此，根毛的感染和根瘤的产生将降低或限制根颈的位置。

具有根瘤的植物，其氮固定对水分胁迫极为敏感。直到水势达到 –3.0MPa 时，固氮酶的特异活力才不再直线下降，这时其活力为零。总之，水分胁迫时尽管每个植株的根瘤数、根瘤团及根瘤大小都有所下降，但根瘤的解剖学与水分充足时没有区别。土壤水分恢复时，遭受严重水分胁迫的根瘤恢复活力；而极端水分胁迫下根瘤脱落。当苜蓿遭受水分亏缺（水势为 –2.0MPa）时，其固氮酶的活力下降 85%；而膨压恢复时，固氮酶的活力只能恢复到起初的 70%。研究曾报道，白三叶与苜蓿一样具有延伸的根瘤，其胁迫恢复需要经历两个阶段。第一阶段根瘤菌重新水合，第二阶段分生活力恢复，新的固氮组织产生。试验报道曾评论了水分胁迫对豆科牧草根瘤结构和生理上的作用，但尚无对苜蓿的详细评价。

研究评价了两个连续的收割周期中，收割和植物水分亏缺对苜蓿固氮的相关效果。受水分胁迫的苜蓿，其根瘤数目和固氮酶的特异活力与水势和衬质势减少的关系更密切；而与刈割和根部碳水化合物浓度的相关性较弱。

水分胁迫下固氮酶活力下降的主要原因可能是光合作用下降。光合作用、蒸腾作用与固氮酶活力之间存在着密切的关系，然而光合作用似乎恢复较迅速，固氮酶活力的恢复却要延迟 1~2d。这说明水分胁迫下酶活力下降不仅受光合作用的影响，还有其他因素在起作用。

不同的苜蓿品种在遭受干旱时的固氮能力不同。适应干旱条件生长的品种，其氮固定受水分胁迫的影响比不太适应干旱品种的小，如 Campos 苜蓿，它生长在干旱地区，与 Aragon 苜蓿相比能在更低的水势下生长和固氮，且解除胁迫后恢复较快。另外，在半湿润环境下，用于干旱地区干草生产的苜蓿，比那些在湿润或灌溉条件下进行饲草生产的苜蓿的固氮能力强。这说明可以在干旱地区选择耐旱苜蓿来提高氮固定。

菌根也同样受水分亏缺的影响。真菌的菌丝可以渗透到土壤感染根部，进而扩大了植物可以吸收水分和营养的土壤范围。由于磷在土壤中相对稳定，真菌存在时磷的吸收增加。土壤含水量为 0.22kg/kg 时，每感染单位长度的根所需要的菌丝数，比含水量 0.15kg/kg（衬质势 =-0.43MPa）时大 4 倍，几乎是土壤含水量 0.28kg/kg（饱和）时的 2 倍。

第四节　苜蓿耐旱适应性变化

在过去几十年持续严重干旱成为世界农业生产的主要障碍，是作物产量损失的主要原因。尽管许多作物品种经试验表明拥有耐旱性的遗传变异，但高产又耐旱的生产目标一直是抗旱品种选育所面临的最大挑战。随着植物生理生化、分子生物学的发展，植物耐旱机理研究取得了较大的进步。

苜蓿在干旱胁迫下的适应能力较强，能通过自身的生理代谢、结构发育和形态建造等方面适应干旱的环境条件。对苜蓿耐旱性的研究一直以来都是牧草生理生态学研究的热点之一，研究领域也逐渐从形态水平发展到生理、生化及分子生物学等更深入的领域，并取得了很多有价值的研究成果。但与其他作物（小麦、玉米、高粱等）相比还相对较少。

牧草的耐旱性是指在干旱胁迫下，牧草生存及形成产草量的能力。苜蓿为中生豆科牧草，其耐旱性低于沙打旺等豆科牧草。但近年来国内外已培育出了不少苜蓿新品种，不同品种耐旱性存在着差异。许多学者从形态指标、生态指标、代谢指标、生化指标等方面研究了苜蓿的耐旱性。大量的研究表明在干旱胁迫下，苜蓿体内蛋白质水解，脯氨酸含量大大增加。脯氨酸积累同苜蓿的耐旱性有密切关系。耐旱性强的苜蓿品种脯氨酸维持积累的时间长，积累量大；反之耐旱性弱的品种，脯氨酸维持积累迅速，但积累时间短，积累量也小。

脱落酸是一种抑制植物生长的激素，研究发现，在干旱条件下，植物体内的脱落酸含量的增加，引起气孔关闭从而减少水分散失，增强植物的耐旱性。此外也有报道，脱落酸还能进行渗透调节，刺激根系生长。苜蓿耐旱性强的品种在水分胁迫下，脱落酸的积累量高于耐旱性弱的品种。有研究选择了 6 类 21 个耐旱指标变量来综合评价不同苜蓿品种的耐旱性，并得出如下耐旱性综合评价体系（图 2-1）。

一、苜蓿组织结构和植株形态对干旱胁迫的适应

苜蓿处于长期的逆境中可逐渐在形态上形成一系列适应性的改变，以使个体能够在逆境中存活下去，如形成较发达的角质层和较长的根系等。研究发现，特莱克紫花苜蓿叶的角质层较薄，气孔近圆形且数目不多，蒸腾水分量比较低，同时，角质膜具有较强的折光性，可防止过度失水引起的损伤。对 10 种苜蓿进行干旱胁迫研究发现，干旱胁迫后苜蓿组织结构

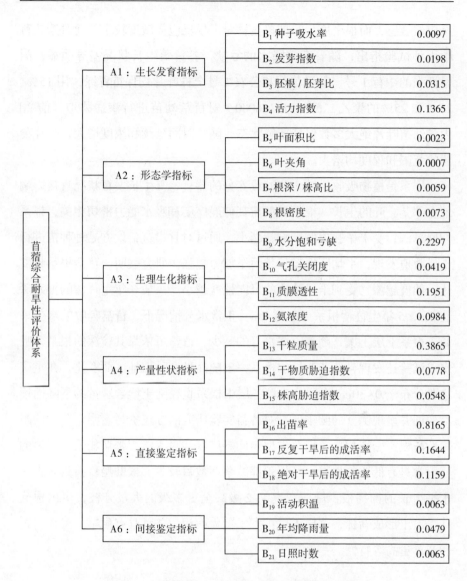

图 2-1 苜蓿耐旱性综合评价体系（陶玲等，1999）

发生了变化，根和叶变化较大，茎相对较稳定。其中根中的导管数相对于对照有所减少，而叶肉栅栏组织细胞有所增加，耐旱性强的品种根中导管数较多。有研究认为，叶片覆盖较多的角质层、蜡质层和绒毛是在干旱环境中对缺水的一种适应，并指出形态指标中，根枝比、叶夹角指标对干旱反应最敏感，而根密度、叶被覆盖物对干旱反应灵敏度较小。通过紫花苜蓿引种试验指出，随着有效降水的亏缺，各苜蓿生长状况差异明显，耐旱性强的中苜1号、敖汉苜蓿和公农1号全株叶片均保持青绿，用15%、20%和25%的聚乙二醇（PEG-6000）对苜蓿幼苗进行渗透胁迫，前2d内各幼苗叶片绝大多数保持新鲜状态，随着时间延续和浓度增大，叶片萎蔫的范围和程度均增大。

根系是植物吸收、转化和贮藏养分的器官，其生长发育状况直接影响地上部茎、叶的生长。根系类型与其伸展广度和吸水能力密切相关，根系伸展越深，受干旱胁迫的影响就越小，通过对甘肃苜蓿地方品种种苗进行干旱胁迫发现，平均胚根越长其耐旱能力越强。研究表明，苜蓿根系越发达、伸展越深，受到干旱胁迫的可能性就越小。一般3年生苜蓿的根系深达3m，5年生苜蓿根系可超过7m。正常水分情况下，苜蓿吸收的水分来源于根系上层土壤，随着土壤水分的减少，苜蓿可依靠其较深的根系来吸水。试验还发现，紫花苜蓿的根系一般随品种和种植地区而变化，在重庆主要分布于0~30cm土层，土壤各层中根系直径随土壤含水量的下降而逐渐变细并呈现倒立的圆锥形。对苜蓿实验研究的综述资料表明，苜蓿的耐旱性与根深密切相关，根系类型与伸展广度和吸水能力密切相关，耐旱的苜蓿常具有低矮的根冠、且根颈部的茎芽数目较少。根蘖型苜蓿具有大量水平生长的匍匐根，母株产生1~2级甚至更多级的大量分枝，生出根蘖芽，出土形成新株，这样不仅扩大了覆盖面积，并且具有耐旱、持久耐牧和产草量高等特性。

二、生理因素的适应性变化

（一）细胞膜的干旱适应性

质膜是细胞与环境之间的界面与屏障，干旱胁迫对细胞的影响往往先作用于质膜，影响其功能与结构。干旱胁迫下，膜透性增加。研究表明，细胞伤害率与耐旱性呈负相关，耐旱性强的苜蓿品种干旱胁迫后细胞外渗液的电导率较低。以陇东和阿尔冈金苜蓿为材料，研究水分胁迫下苜蓿叶片及根系的生理生化响应，研究发现细胞质膜相对透性在胁迫中后期才逐渐增大，且根系的变化幅度明显大于叶片。试验还发现，叶片质膜的相对透性随 PEG 浓度的增加而增大，耐旱性强的苜蓿增加较少。在 −0.8MPa 的 PEG 胁迫下，苜蓿细胞膜受到损伤，且品种间细胞膜伤害率差异显著，国外品种的伤害率低于国内品种。

（二）渗透调节物质的变化

干旱使植物引起的主要胁变是细胞脱水，植物要生存下去，必须采取某种措施（结构上或功能上）使其在干旱威胁下避免脱水，或者在短时期内恢复膨压并重新生长，其中最有效的措施就是渗透调节（Osmotic adjustment，OA）。关于在干旱胁迫下苜蓿的渗透调节作用，国内外学者做过一系列研究。有人用 PEG−6000 高渗溶液模拟干旱胁迫，研究了干旱胁迫对苜蓿累积脯氨酸的影响，试验结果表明，4 种苜蓿在不同浓度 PEG 溶液和一定时间范围内都有游离脯氨酸的累积，且每种苜蓿在 20% PEG 溶液中 48h 游离脯氨酸的量最多，以中苜 1 号苜蓿累积量最高，累积脯氨酸被认为是苜蓿幼苗对干旱环境的适应性表现。用 40% 的 PEG 处理苜蓿离体叶片时，脯氨酸显著积累、离子大量渗漏，取消胁迫后，耐渗透胁迫型苜蓿脯氨酸含量和离子渗漏程度变化较慢。研究发现，苜蓿在轻度水分胁迫时，苜蓿根瘤组织积累较多脯氨酸，并认为在水分胁迫下脯氨酸可保护苜蓿根瘤代谢酶和结构蛋白，减轻严重干旱对组织的危害程度。当干旱胁迫超过苜蓿的临界萎蔫点时，伴随植株萎蔫程度加深，脯氨酸含量同步积累，这种积累现象在苜蓿的幼苗期、分枝期和现蕾期均可发生，耐旱性较强的苜蓿游离脯氨酸积累的敏感性差，而持续积累时间长。对于渗透调节物质中的无机离子，有研究表明，干旱条件下苜蓿植株中 Ca^{2+}、Mg^{2+}、Zn^{2+} 和 P^{5+} 的含量减少，但 K^+ 的含量增加。

（三）酶活性的变化

逆境条件下植物细胞由于代谢受阻而产生大量的活性氧，这些活性氧以其极强的氧化性对细胞膜质进行过氧化，导致膜系统损伤和细胞伤害。

在此过程中植物将主动或被动地调动氧化酶类和抗氧化物质来清除这些活性氧和氧自由基，减缓和抵御细胞伤害。

有研究表明，苜蓿在水分胁迫后，SOD 活性在胁迫后 1d 升高，3d 后下降，并随着胁迫强度加大，下降程度也增强，POD 活性在轻度胁迫下随胁迫时间延长活性提高，在重度胁迫 1d 后其活性达到最大，胁迫 5d 后其活性显著下降，而 CAT 活性在轻度和重度胁迫下均随胁迫时间延长呈持续下降。所以植物细胞对活性氧的清除很可能存在一个阈值，在这个阈值之内植株能够提高保护酶活性，有效清除自由基伤害，当超过这个阈值，保护酶活性就会下降。同时保护酶活性变化的不一致性提示：在清除活性氧的途径方面，植株可能调动了体内其他的活性氧清除系统。用 PEG 溶液进行苜蓿根际胁迫处理发现，耐旱性较强的定西苜蓿叶片中 SOD 对干旱反应快，耐旱性较弱的天水苜蓿则反应迟钝。苜蓿叶片中 CAT 活性随胁迫浓度增加而增加，耐旱性较强的定西苜蓿增幅最大。研究 PEG 渗透胁迫下 CAT 和 POD 同工酶活性变化得出，苜蓿对干旱环境的适应能力，主要取决于叶片中 POD 同工酶活力的强弱和 CAT 同工酶谱的改变，以及根系中 POD 同工酶新增谱带和 CAT 同工酶谱的稳定性。但另有研究认为，苜蓿耐旱性等生态学特性与 POD 活性相适应，与酶谱带数量无关。当活性氧的积累超过其清除能力时，植株就会受到损害。

（四）干旱胁迫对苜蓿光合作用与呼吸作用的影响

干旱直接影响植物的生长，而这种影响是通过影响植物叶片光合作用来实现的，因此，研究干旱胁迫对植物光合作用的影响，对揭示干旱胁迫对植物生长的影响具有重要作用。干旱胁迫会对牧草产量造成影响，任何植物适应逆境都是以降低产量为代价的，牧草的耐旱性最终要体现在产量上。对几种苜蓿做的耐旱性研究发现，几种苜蓿在干旱条件下其鲜草和干草产量均下降，表明干旱引起光合作用的降低，苜蓿生长减慢。苜蓿和其他牧草相比，干旱胁迫对其光合作用和呼吸作用的影响相对较小，土壤含水量降至田间最大持水量的 35% 以下时，苜蓿的光合与呼吸才会受到影响，而红三叶和多年生黑麦草在 45% ~55% 时就会受到影响。当土壤水

势降低至 -0.45MPa 时，苜蓿的光合和呼吸降低 50%。干旱胁迫下，随刈割次数增多土壤含水量下降，苜蓿的光能转化效率下降，表现在从第三茬的 1.5% 降低到第四茬的 1.2%。研究发现，干旱胁迫下两种耐旱性差异较大的苜蓿其叶片净光合速率、蒸腾速率、气孔导度、叶绿素含量都有不同幅度的下降；叶绿体超微结构遭到破坏。相对于耐旱性弱的苜蓿，耐旱性强的苜蓿随干旱胁迫程度的加深，净光合速率下降较慢，叶绿体的外形及基粒结构受到的影响较小。轻度干旱胁迫下气孔限制是两种紫花苜蓿叶片净光合速率降低的主要因素，中度和重度干旱胁迫下非气孔限制是叶片净光合速率降低的主要因素。

第三章　苜蓿耐旱作用机理

第一节　渗透调节与耐旱

一、渗透调节

渗透调节（Osmotic adjustment）是植物适应干旱胁迫的一种重要机制。植物生长在渗透胁迫条件下，其细胞在渗透上有活性和无毒害的作用的主动净增长过程。有活性溶质增长的结果是细胞浓度增大渗透势降低，使其在低渗透势环境中能够吸收水分，此过程为渗透调节。渗透调节是在细胞水平上进行，是由细胞通过合成和吸收积累对细胞无害的溶液来完成的。通过渗透调节可以使植株在干旱胁迫条件下维持一定的膨压，从而维持细胞原有的生理过程，如细胞伸长、气孔开放、作物生长、光合生理以及其他的一些生理生化过程。

渗透调节现象分为广义的渗透调节和狭义的渗透调节。广义的渗透调节是指植物细胞由于原生质具有亲水性和细胞膜或细胞壁具有半透性和防止水分和溶质外渗，形成细胞组织器官内外的渗透梯度或渗透式，是植物细胞所具有的共同特征。狭义的渗透调节是指在干旱等逆境胁迫条件下的生理调节表现。

广义的渗透式在水分调节方面主要有 3 个功能：①通过有较低的细胞内部渗透势，使种子和根系（特别是根部细胞）从外部和周围细胞吸取水分；②通过细胞内有较低的渗透势，防止水分向外散失，特别是叶片和茎秆表皮细胞；③通过渗透调节维持细胞膨压，有利于植株生长发育和形状的立体保持。

狭义的渗透调节，可能有 3 种溶质积累情况：① 主动地溶质积累，如通过信号转导启动离子泵，增加细胞内部的离子浓度和通过主动地游离氨基酸、糖等有机物质的合成，用来增加溶质浓度，降低细胞组织渗透势，从而抵御干旱等引起的逆境胁迫；② 由于在多种逆境条件下，许多代谢合成受到抑制，发生分解反应，被动的解离出许多有机小分子物质，这可能是一种伤害的表现，虽然有一定的渗透调节能力，但对植物的生长发育不利；③ 由于失水过多，细胞壁紧缩，使细胞内原生质和液泡内溶质浓度增加而引起的被动渗透势调节现象。

二、渗透调节物质

渗透调节物质的种类很多，目前把渗透调节物质构成大致分为两大类：一是多元醇和含氮化合物，各种特殊代谢产物如游离氨基酸、糖、醇等有机物质，主要是调节细胞质的渗透势，同时对酶、蛋白质和生物膜起保护作用。二是无机离子物质，渗透调节与离子泵的关系密切，例如，细胞膜上的 Na^+、K^+、H^+ 离子泵，可以调控细胞内外的无机物浓度，改变细胞的渗透势，引起细胞形态和功能发生变化。

作为渗透调节物质必须具备如下特征：分子质量小，容易溶解；在生理 pH 值范围内不带静电荷；必须能被细胞膜保持住；引起酶结构变化的作用极小；在酶结构稍有变化时，能使酶构象稳定而不被溶解；生成迅速，并能积累到足以引起调节渗透势的作用量。渗透调节物质的种类较多，以脯氨酸和甜菜碱为例，对渗透调节物质做一说明。

（一）脯氨酸

脯氨酸（Pro）是植物蛋白质的组分之一，可以游离状态广泛存在于植物体中，它是植物体内最有效的一种亲和性渗透调节物质，脯氨酸的积累是由脯氨酸合成酶的活化、生物降解的抑制以及合成蛋白质的减少而产生。

几乎所有的逆境胁迫（干旱、低温、高温、冰冻、盐渍、营养不良、病害、大气污染等）都会在植物体内累积脯氨酸，尤其干旱胁迫时脯氨酸累积最多，可比原始量高几十倍甚至几百倍。正常情况下脯氨酸的含量很低，一般为 0.2~0.7mg/gFW，缓慢失水时可增加到 40~50mg/gFW，增加 70~200 倍。

脯氨酸存在于细胞质中，在耐逆胁迫中的作用大致归结为：① 作为细胞的有效渗透调节物质，保持原生质与环境的渗透平衡，防止失水；② 脯氨酸与蛋白质结合可以增强蛋白质的水合作用，增加蛋白质的可溶性和减少可溶性蛋白质的沉淀，从而保护这些生物大分子的结构和功能的稳定性，起到保护酶和膜结构的作用；③ 可直接利用的无毒形式的氮源，作为能源和呼吸底物，参与叶绿素的合成等作用；④ 从脯氨酸在逆境胁迫条件下积累的途径看，它既可能有适应性的意义，又可能是细胞结构和功能受损伤的表现，是一种对逆境伤害的响应，是植物受到逆境胁迫的一种信号。

在逆境胁迫下脯氨酸累积是由于：一是失去了脯氨酸的反馈抑制作用，脯氨酸的合成加强；二是脯氨酸氧化作用受到抑制，不仅抑制了脯氨酸的氧化，而且蛋白质氧化的中间产物还会逆转为脯氨酸；三是胁迫抑制了蛋白的合成，同时也就抑制了脯氨酸掺入蛋白质。

（二）甜菜碱

甜菜碱（betaine）是植物体内另一类亲和性渗透物质，是植物中最主要的代谢积累产物之一，是一种无毒的渗透保护剂。它的累积使植物细胞在渗透胁迫下仍能保持正常的功能：甜菜碱由胆碱经两步氧化得到，分别由胆碱单氧化酶（GMO）和甜菜碱醛脱氢酶（BADH）催化。GMO 已部分纯化定位于叶绿体基质中，BADH 的主要活性也位于叶绿体基质中，但细胞质中也存在少量同工酶。甜菜碱在叶绿体中合成，主要分布在叶绿体和细胞质中。

甜菜碱具有重要的生理功能，主要表现在：① 维持细胞渗透压。即当受干旱胁迫时，细胞质中积累大量有机渗透调节剂（如甜菜碱），将细胞质中的无机渗透调节剂挤向液泡，使细胞质与细胞内、液泡外环境维持渗透平衡，这样避免了细胞质高浓度无机离子对酶和代谢的毒害。② 对酶的保护作用。甜菜碱的溶解度很高，不带净电荷，其高浓度对许多酶及其他生物大分子没有影响，且有保护作用。③ 甜菜碱对逆境条件下气孔运动、呼吸作用及相关基因表达都有一定的调控作用。

三、渗透调节与耐旱

渗透调节是植物耐旱的一种重要机制。干旱胁迫条件下，叶片和根系渗透调节能力的生理效应主要有：一是增加水分吸收，保持膨压，改善细胞水分状况；二是改善植物在干旱胁迫条件下的生理功能，维持一定的生长和光合能力，提高植物在低水势条件下的生存能力。由于渗透调节可以避免和忍耐脱水，因此可以降低叶片衰老速率；此外，渗透调节还有可能是气孔调节的主要机制，由此保证即使是在干旱胁迫增加时，水势不断下降仍使气孔部分开张。

研究发现，干旱胁迫条件下，植物幼苗中各种渗透调节物质的相对贡献大小顺序为：K^+> 可溶性糖 > 游离氨基酸 > 脯氨酸，小麦生育中后期则为：K^+> 可溶性糖 > 游离氨基酸 >Ca^{2+}>Mg^{2+}> 脯氨酸。渗透调节物质的积累还可相互促进，Ca^{2+} 处理可提高干旱胁迫条件下牧草体内脯氨酸的含量。

同一株植物不同器官的渗透调节能力也不相同，正在伸展的叶片比完全展开的叶片渗透调节能力强，幼龄的叶片比老叶片强。在快速渗透胁迫条件下不出现渗透调节，而在土壤渐进的胁迫条件下渗透调节显著，这说明渗透调节是一个逐渐产生并发展的过程。有人认为渗透调节是胁迫条件下光合产物的生产、消耗和运移之间不平衡引起的。施肥可以增加叶片的渗透调节，但植株在接近萎蔫时，施肥对渗透调节的作用不大。

渗透调节对植物适应短时间的干旱，保持植株正常生长和限制生长点脱水方面可能很重要，但对缓解长时间不利影响的作用似乎有限。溶质积累可能是胁迫条件下的一种适应，而不是正常生长的需要，如茎尖分生组织在干旱胁迫下溶质含量的增多，这样即使叶片死亡也能保持膨压大于 0。

植物通过渗透调节作用完成耐旱性的主要特点包括：① 渗透调节的暂时性。在复水后就会消失，不同品种不同生育期有不同的表现；② 渗透调节的有限性。如干旱胁迫非常严重，如叶片水势达 −2Mpa 时，膨压就无法维持下去；③ 渗透调节并不能完全维持植物生理过程。即使在能进行渗透调节的水势变化范围内，干旱的影响仍是存在的，如生长速度下降，气孔扩散阻力增加等。

因此，渗透调节物质相对贡献率的差异，可能与植物种类、组织器官、生育期、所处环境、胁迫程度、胁迫时间等多种因素相关联，内在作用机制较为复杂。

四、渗透调节的影响因素

植物通过渗透调节保持膨压的能力与干旱胁迫条件下各种遗传材料的产量呈正相关。研究表明，用渗透调节能力强的品种与渗透调节能力弱的品种杂交后，证明渗透调节能力是可以遗传的。

不同渗透调节物质可能是由不同基因支配，因为参与植物渗透调节的物质，既有从外界环境进入的无机离子，也有植物体内合成和分解的各种有机物质，因而，这类渗透调节物质的主动积累涉及进入细胞、在细胞间的运输和在细胞内的合成与分解，并相应地涉及决定这些过程的基因及其表达。

渗透调节遗传因素的影响表现为渗透调节能力的有无和渗透调节能力的大小两个方面。渗透调节能力的有无主要表现在植物种、品种间或植物种的生态类型间，而渗透调节能力的大小则表现在品种间，影响渗透调节的环境因素包括以下几个方面。

——水分胁迫程度。当干旱胁迫很严重时，植物的渗透调节能力就会丧失，因此，渗透调节一般发生在干旱胁迫程度较轻或中度干旱胁迫条件下。

——水分亏缺速率。环境水分亏缺速度发展快，则植物的渗透调节能力变小、变弱，甚至丧失。

——光照强度。光照主要是通过对植物细胞内溶质含量变化而直接影响渗透调节能力的。

——CO_2浓度。CO_2通过增加细胞内溶质含量而影响渗透调节能力的。

——温度。研究人员在温带草本植物中发现，低温似乎更有利于溶质积累，因此更有利于渗透调节。另外，冬季在人工气候室播种的植物比春季播种的渗透调节能力弱，这可能与光照的强弱有关。在实验室容器中种植的植物渗透调节能力变弱或缺乏，一般比大田种植的调节能力弱很多，这可能与土壤容积较小，脱水速率较快有直接关系。

五、渗透调节的研究方法

（一）水饱和渗透势法

植物体内降低渗透式可通过细胞内水分减少、细胞体积减小和细胞内容积主动增加三个途径获得。植物体内的这三种途径是共存的，但只有细胞内溶质主动增加才是渗透调节。测定细胞渗透式的变化及评价渗透调节程度，必须区别因细胞失水造成的渗透势变化和由溶质主动积累引起的渗透势变化。当不发生溶质主动积累时，因细胞失水引起渗透势（$\varPsi_s$）降低与细胞体积（V）成反比。

$$\varPsi_s = \frac{\varPsi_s^{100} \times V_o}{V} \qquad （2-1）$$

（2-1）式中：$\varPsi_s^{100}$ 为充分水饱和时的渗透势；

V_o 为渗透体积。

细胞的渗透体积通常用相对含水量的测试值表示。当细胞内溶质发生主动积累时，对应于 y 值的渗透势比式（2-1）中计算出的渗透势更低，从理论上讲，对应于 v 值时的植物渗透调节能力（OA）应按下式计算。

$$OA= \Psi_{sm} - \Psi_{sc} = \Psi_{sm} - \frac{\Psi_s^{100} \times V_o}{V} \qquad （2-2）$$

式（2-2）中：Ψ_{sm} 为渗透势的实际测定值；

Ψ_{sc} 为渗透势的计算值；

Ψ_s^{100} 为充分水饱和时的渗透势；

V_o 为渗透体积。

将正常供水叶片（对照）和干旱处理叶片进行充分水饱和，使其相对含水量接近或达到 100%，同时测定正常供水叶片（对照）的饱和渗透式（$\Psi_{s对照}^{100}$）和干旱处理叶片的饱和渗透式（Ψ_s^{100}），按下列公式（2-3）计算叶片的渗透调节能力。

$$OA=\Psi_s^{100} - \Psi_{s对照}^{100} \qquad （2-3）$$

水饱和渗透势法的优点是叶片水饱和渗透势不需要与其他水分参数作比较，就可以直接判断植物渗透调节的程度。

（二）$lnRWC-ln\Psi_s^{100}$ 作图法

$$ln\Psi_s=ln（\Psi_s^{100} \times RWC_O）-lnRWC \qquad （2-4）$$

以 lnRWC 为横坐标、$ln\Psi_s$ 为纵坐标，如 lnRWC 与 $ln\Psi_s$ 呈直线关系，表明无渗透调节能力，此时 Ψ_s 的下降是细胞失水溶质浓缩的结果；如 lnRWC 与 $ln\Psi_s$ 为一折线，即出现一折点，则表明具有渗透调节能力，这样就将植物产生渗透调节范围及丧失渗透调节时的 RWC 明确地表示出来。

（三）水势 - 压力势作图斜率法

以水势（Ψ_W）为横坐标，压力势（Ψ_P）为纵坐标作图，从二者组成的直线斜率判断植物渗透调节程度的大小。直线斜率越小（即 $\triangle \Psi_P / \triangle \Psi_W$ 值越小），说明渗透调节程度越大。反之，直线斜率越大（即 $\triangle \Psi_P / \triangle \Psi_W$ 值越大），说明渗透调节程度越小。不同植物或品种间

$\triangle \Psi_P / \triangle \Psi_W$ 值存在着差异，同一品种叶片的 $\triangle \Psi_P / \triangle \Psi_W$ 值在土壤缓慢干旱下比土壤快速干旱下小。

（四）有效渗透势法

有效渗透势是指在渗透胁迫下真正对生长维持起作用的渗透势，即植物组织（细胞）的总渗透势减去土壤或渗透胁迫溶液的渗透势得到的值；此值的大小可表示植物渗透调节能力的大小。

无论用哪种方法评价植物渗透调节能力，都要准确测定植物组织（细胞）渗透势。目前测定渗透势常用的方法有热电偶湿度计法，其中又包括热电偶等压技术、湿度法、露点法、冰点降低法、蒸汽压计法和压力—容积曲线法等。这些方法各有特点和优缺点，可根据实际条件选用。

渗透调节可以维持根的膨压，有利于植物根系从深层土壤中吸收水分。渗透调节与耐旱性之间的关系在不同植物上表现不同。植物渗透调节能力与耐旱性的研究不仅有助于揭示植物的耐旱机制，更有意义的是如何将渗透调节能力、生长、光合作用与产量之间紧密结合起来，与选育耐旱性状优异的品种结合起来，以促进实际农业生产。

第二节　活性氧与耐旱

一、活性氧作用机理

活性氧在苜蓿体内的大量积累，对细胞有明显的毒害作用，与蛋白质、核酸和脂类发生作用而引起蛋白质失活和降解，DNA 链断裂和膜脂过氧化等现象，从而导致细胞结构和功能的破坏。活性氧对蛋白质的损伤主要通过碳基化和糖基化来实现，氧自由基与酶活性中心的巯基作用，将其氧化成二硫键，造成酶生物活性丧失。活性氧与 DNA 分子中的嘌呤、嘧啶、脱氧核糖作用，引起 DNA 单链或双链断裂、降解和修饰，从而影响 DNA 的复制。在苜蓿体内活性氧会引起代谢失活、细胞死亡、光合作用速率下降。同化物的形成减少，甚至造成苜蓿品质下降和产量降低等严重后果。

活性氧引起蛋白质的氧化变性将导致蛋白质迅速降解。在蛋白质氨基酸氧化修饰（Oxidative Modification）过程中，C=O 基的形成是蛋白质氧化的一个早期指标。这种类型的变化被描绘为金属催化的蛋白质氧化作用（Metal-catalyzed oxidative of protein，MCOP）。MCOP 是一种位点专一的过程，氨基酸残基的金属结合位点被优先氧化，组氨酸、脯氨酸、精氨酸和赖氨酸残基是氧化作用的主要靶子。这些氨基酸残基的氧化是 C=O 基衍生物的主要来源。基于脯氨酸被·OH 优先氧化的事实，引发了人们对逆境胁迫条件下植物体内广泛积累的脯氨酸抗氧化作用的认识。脯氨酸在体外能竞争性的抑制·OH 作用下水杨酸羟基化速率和降低·OH 导致苹果酸脱氢酶的变性作用。活性氧胁迫可引起苜蓿幼苗体内脯氨酸灵敏而大量积累，积累的脯氨酸具有明显的抗氧化作用。

干旱胁迫条件下苜蓿体内细胞中高水平的 C=O 基的存在表明植物细胞中发生了 Fenton 反应，产生了大量的·OH，也因此导致了蛋白质的损伤或降解。当活性氧产生过多抗氧化防御系统作用减弱时，苜蓿体内活性氧大量积累，最终引发膜脂过氧化。干旱胁迫条件下苜蓿膜脂过氧化作用是过去常用的一种表示氧化伤害的指标，主要是由于其降解产物丙二醛（MDA）的测定方法简单易行。

随着人们对膜脂过氧化研究的逐步深入，有研究人员提出 MDA 的形成可能是分析过程中的一种假象及酶反应的一种产物，它出现在各种结合形式中以及它的测定方法专一性不强，再加上干旱胁迫条件下植物体内大量积累的脯氨酸和碳水化合物干扰 MDA 的测定，以 MDA 作为脂质过氧化的指标的有效性很多研究人员表示怀疑。

研究者们在传统 MDA 检测的基础上，以 HPLC 检测生物样品中总 MDA 含量，改进了传统的 MDA 检测方法，显示出这种方法是专一的、有良好重复性的。在受旱的苜蓿叶片、衰老的根瘤中，两种方法所检测到的

MDA 含量有显著的差异，传统的 TBA 测试法明显高于 HPLC 测试法。干旱胁迫条件下已观察到许多植物体内 MDA 积累，这种 MDA 的积累加剧催化性金属的增加。

干旱胁迫条件下苜蓿叶片和根瘤中膜脂过氧化作用和蛋白质氧化作用有很高的相关性，表明两个过程是密切联系的，可作为氧化胁迫的可靠指标。但是，膜脂过氧化的机理或许比蛋白质氧化作用的机理更复杂。

在干旱胁迫下的苜蓿叶片、衰老的根瘤实验均表明，·OH 是这些状况下脂质过氧化作用所必需的。同时在硝酸盐诱导的苜蓿根瘤的衰老过程中，虽然催化性铁含量增加 53%，氧化损伤蛋白质的含量增加 37%，但 MDA 含量却降低了 21%。类似的这种情况，也在多种遭受干旱胁迫的植物体内观察到。所以，干旱胁迫下或衰老过程中的 MDA 含量变化不一定能反映植物遭受氧化胁迫的状况。因此，干旱胁迫下·OH 是否涉及植物膜脂过氧化过程中，可能与其产生位点有关。由于膜脂过氧化作用有多种启动因子，因而·OH 不是膜脂过氧化作用所必需的。MDA 作为膜脂过氧化作用指标的有效性与其检测方法的缺陷、MDA 的进一步代谢或与其他成分的迅速结合与不同组织或器官脂质组分的差异有关，它不一定能反映水分胁迫下植物体内的膜脂过氧化程度，但能反映植物体内氧化胁迫的状况。

基于现有关于活性氧与逆境下植物响应的研究报道，目前应加强的研究工作主要包括：① 直接定量检测干旱胁迫下植物细胞中，·OH 的产生；② 深入了解水分胁迫下植物膜脂过氧化作用的形成机制以及 MDA 在植物体内的代谢状况，并进一步完善 MDA 的检测方法；③进一步阐明水分胁迫下植物体内·OH 的清除机制。

干旱胁迫条件下植物体内积累的一些亲和性溶质如甘露醇、脯氨酸等能够补偿植物内源·OH 清除机制。植物是如何感知·OH 氧化胁迫、动员反应来抵抗它，值得我们进一步深入探讨和仔细研究。

二、细胞膜与耐旱

细胞膜担负着溶质进出细胞的运转和对细胞环境条件变化的信号发生感应与传导的作用。故生物膜的稳定性是细胞执行正常生理功能的基础，特别是在水分胁迫条件下，细胞膜的稳定性直接关系到植物耐旱程度。细胞质膜是细胞与环境之间的界面，各种逆境对细胞的影响首先作用于质膜，逆境胁迫对质膜结构和功能的影响通常表现为选择透性的丧失，电解质与某些小分子有机物质大量外渗，叶片质膜透性随水分胁迫的加剧而不断增大。

干旱胁迫下苜蓿膜透性的增加与膜脂过氧化产物 MDA 含量的增加呈明显正相关。可见，几种主要逆境胁迫所引起的膜脂过氧化均使植物细胞质膜透性增大。研究指出，膜脂过氧化引起的膜冠性增加的直接原因可能是随酯性质的改变，膜蛋白在过氧化过程中受到伤害则可能是间接原因。

由于细胞膜透性的变化，膜结合酶活性也相应发生变化。研究指出，水分胁迫降低了苜蓿叶片线粒体的膜结合酶——细胞色素氧化酶活性，耐旱性强的品种酶活性的下降速率小于耐旱性弱的品种，其中耐旱性强的品种酶活性的增加幅度大于耐旱性弱的品种。

三、耐旱与活性氧清除

植物的耐逆性与活性氧的清除密切相关。一般来说，活性氧的清除有两类防御系统：酶促与非酶促活性氧清除系统。

（一）酶促活性氧清除系统

正常状态下，植物体内活性氧的产生与清除呈一种动态平衡。在干旱胁迫下，这种动态平衡遭到破坏，引起了植物伤害。植物体内酶促系统清除活性氧起着至关重要的作用，主要包括超氧化物歧化酶（SOD）、过氧化物酶（POD）、过氧化氢酶（CAT）、抗坏血酸过氧化物酶（AsA—

POD）、谷胱甘肽还原酶（GSHR）等，其中 SOD、POD、GSHR 可分别使 $O_2^- \cdot$、H_2O_2、LOOH 转变为活性较低的物质，从而防止活性氧自由基毒害。因此，这三种酶（SOD、POD、GSHR）统称为保护酶系统。

近年来，SOD、POD、CAT 作为防御活性氧自由基对细胞膜系统伤害的酶，在耐旱性形成中的作用越来越受到重视。SOD 在各种酶促反应系统中处于第一道防线，可以清除植物体内的超氧根阴离子（$O_2^- \cdot$），CAT 可专一清除 H_2O_2，因而 SOD 与 CAT 共同作用可清除体内具潜在危害的 O_2^- 和 H_2O_2，从而最大限度地减少了 $\cdot OH$ 的形成。

过氧化氢酶（CAT）是氧化还原酶类的一种，也是膜脂过氧化酶促防御系统中的一种重要保护酶，具有双重功能，一是催化 H_2O_2 分解为 H_2O 和 O_2 的反应（过氧化氢酶活性）；二是催化氢供体如苯酚的氧化，同时消耗等摩尔的过氧化物（类似过氧化物酶活性）。CAT 主要定位于线粒体、乙醛酸体与过氧化物体中，在叶绿体中超氧自由基的产生是不可避免的，它必须在所产生的部位立即被分解掉，叶片才不会受伤害。作为 H_2O_2 分解系统的关键酶——抗坏血酸过氧化物酶（AsA–POD），可以使 H_2O_2 分解。因此，很低浓度的 AsA–POD 即可使叶绿体中的 H_2O_2 浓度降低，从而制止 H_2O_2 对光合成的抑制，起到保护叶绿体的作用。干旱条件都可能对 AsA–POD 有一定的影响，从而影响叶绿体中 H_2O_2 的分解。

（二）非酶促活性氧清除系统

非酶促活性氧清除系统中主要包括一些低分子化合物如维生素 E、维生素 C、谷胱甘肽、半胱氨酸、类胡萝卜等能与活性氧自由基反应，并使生物机体受到保护。此外还有微量元素硒等物质以及人工合成的自由基清除剂，H_2O_2 是植物细胞中普遍存在的一种重要的活性氧，它不但伤害细胞，而且还产生对细胞有很大毒性的 $\cdot OH$。H_2O_2 可通过抗坏血酸—脱氢抗坏血酸系统而清除，这一系统在清除 H_2O_2 的过程中产生的脱氢抗坏血酸在还原剂谷胱甘肽（GSH）的作用下还原成抗坏血酸，这一反应中产生的 GSSG 则在 GSHR 作用下还原成 GSH，GSH 提供氢原子，在 GSH–Px（谷胱甘肽过氧化物酶）作用下转送给过氧化物，消除自由基，自身转变成 GSSG，再经 GSH 还原酶的作用，将 NADPH 上的 H$^+$ 转给 GSSG，最后还原成 GSH 循环使用。它不仅能清除自由基，而且能使脂质过氧化物转变为正常的脂肪酸，从而防止膜脂过氧化连锁反应所造成的损伤，并阻止了膜脂过氧化产物积累所引起的细胞中毒。

四、SOD 对旱境的响应

SOD（Superoxide dismutase，SOD）中文名称"超氧化物歧化酶"，是一种源于生命体的活性物质，能消除生物体在新陈代谢过程中产生的有害物质。SOD 作为植物防御系统的第一道防线，能将超氧物阴离子自由基（O$_2^-$·）快速歧化为过氧化氢（H$_2$O$_2$）和分子氧（O$_2$）；在随后的反应中，H$_2$O$_2$ 在过氧化氢酶（CAT）、各种过氧化物酶（如 APx）和抗坏血酸·谷胱苷肽循环系统的作用下转变为水和分子氧。

SOD 对于清除氧自由基，防止氧自由基破坏细胞的组成、结构和功能，保护细胞免受氧化损伤具有十分重要的作用，清除体内多余的超氧根阴离子从而可能在保护系统中处于核心地位。

不同种类或不同品种的植物在干旱胁迫下的反应各不相同，SOD 活性表现有升有降。然而 SOD 活性不论是升高还是降低，都表现出抗性强的品种比抗性弱的品种活性高，即当 SOD 活性降低时，抗性强的品种下降幅度小；而当 SOD 活性升高时抗性强的品种升高幅度大；或者抗逆性强的品种活性升高而抗逆性弱的品种降低。这说明在干旱条件下植物的抗性与植物体内能否维持较高的 SOD 活性水平有关。因此，可以通过相同的逆境伤害后检测植物体中 SOD 活性水平来判断其抗逆性的强弱。

SOD 是一种含金属的抗氧化酶，在植物界普遍存在而且具有多种类型。这些不同类型的 SOD 具有不同的分子质量和氨基酸序列，而且位于酶活性中心的金属原子也不同。根据 SOD 所结合的金属原子的不同，植物 SOD 可分为 3 种类型：Mn-SOD、Cu/Zn-SOD 和 Fe-SOD。SOD 存在于植物细胞内所有能够产生活性氧的亚细胞结构中，在不同植物以及同一细胞的不同亚细胞结构中 SOD 的类型和酶活性存在差异。低等植物以 Fe-SOD 和 Mn-SOD 为主,高等植物以 Cu/Zn-SOD 为主。Mn-SOD 主要位于线粒体中,Fe·SOD 一般位于一些植物的叶绿体中。Fe-SOD 和 Mn-SOD 在序列和结构上具有很高的同源性,Cu/Zn-SOD 与 SOD 或 Mn-SOD 之间不存在同源性。

在植物不同组织和不同发育阶段,不同的 SOD 基因在表达上存在很大差异,这可能与它们所编码的 SOD 相应的亚细胞位点有关,线粒体内活性氧自由基增加往往引起 Mn-SOD 基因的表达,叶绿体内氧自由基的增加常引起 Fe-SOD 基因表达,细胞质氧自由基增加会引起细胞质 Cu/Zn-SOD 基因的表达。

植物生长调节物质如乙烯、赤霉素(GA)、脱落酸(ABA)和水杨酸(SA)可诱导 SOD 基因的表达,其中 ABA 对基因表达调控的作用受到广泛关注。ABA 作为植物生长调节物质对植物的生长发育起重要的调节作用。近年来越来越多的证据表明,ABA 还参与调节植物对逆境胁迫的反应,调节气孔的关闭以及与逆境胁迫相关基因的表达。

研究表明,ABA 信号转导过程常伴有胞质中 Ca^{2+} 浓度变化,以及蛋白激酶、蛋白磷酸酶和转录因子的参与。Ca^{2+} 浓度升高是干旱引起的气孔关闭信号转导过程中关键的一个环节,ABA 会诱导保卫细胞胞外 Ca^{2+} 的流入和胞内液泡中 Ca^{2+} 的释放,从而使胞内 Ca^{2+} 浓度升高,脱落酸还能诱导钙离子结合蛋白的表达,这些均表明 Ca^{2+} 参与了 ABA 介导的信号转导途径。

植物体内抗氧化酶 SOD、APx、GSHR 和 CAT 活性的提高能增强植物对多种氧化胁迫的抗性。到目前为止,不同类型的 SOD 基因已经被转化到多种植物中,实验结果表明 SOD 在转基因植株中的过量表达能不同程度地提高植物对环境胁迫的抵抗能力。研究人员曾将烟草的 Mn-SOD cDNA 转入苜蓿使其在线粒体中过量表达,得到的转基因植株总 SOD 酶活性是对照植株的 2 倍,提高了冷害的耐受性和下一年的产量。对获得的转基因苜蓿进行田间试验,也进一步证明了以前的实验结果。

虽然 SOD 基因的过量表达在一定程度上提高了转基因植物对氧胁迫的耐受性，但这种耐逆性的提高很有限。单纯大幅度提高 SOD 酶的活性，在过氧化氢酶或过氧化物酶活性没有相应提高的情况下往往会导致细胞内 H_2O_2 积累，它一方面抑制了 Cu/Zn-SOD 酶的活性，另一方面 $O_2^- \cdot$ 和 H_2O_2 可通过 Harber-Weiss 反应生成更稳定、更活跃的 $\cdot OH$，不但不能有效提高植物抗氧化的能力，反而会对细胞造成严重的氧化损害。

研究发现，Mn-SOD 基因在苜蓿叶绿体或线粒体中过量表达均能增加转基因苜蓿芽和储藏器官的生物量，而 Mn-SOD 基因在苜蓿叶绿体和线粒体中同时过量表达却没有增加转基因苜蓿芽和储藏器官的生物量，这可能是由于 Mn-SOD 基因超量表达导致细胞内积累过量的 H_2O_2，干扰了 H_2O_2 参与的信号转导过程，不利于转基因植物的生长和发育，最终影响其生物量积累。

因此，活性氧的清除涉及一系列细胞代谢和酶促反应过程，单独提高其中的一种酶，对于生物抗氧化能力的提高影响不会很显著。SOD 与其他的过氧化氢酶之间的酶活性平衡对于植物耐逆性可能很重要，二者协同作用才能促使超氧物阴离子自由基最终转变为水和分子氧而得到有效清除。

第三节　耐旱与光合及其作用机制

干旱之所以降低产量首先是限制了作物的生长，减少了个体与群体的光合面积，同时降低了光合速率，使单位叶面积的同化产物减少，从而进一步减少了根、叶生长的物质基础。在水分胁迫条件下能够维持较高的生长速度和光合速率的作物种和品种，则具有耐旱高产的特性。

一、干旱胁迫对类囊体膜成分与超微结构的影响

类囊体膜的组成具有其特殊性，其中含有大量的糖脂和不饱和脂肪酸，类囊体膜是光合作用进行光化学反应的重要场所。水分胁迫导致苜蓿幼苗叶绿体、类囊体膜的脂肪酸组分发生变化，亚麻酸含量、脂肪酸不饱和指数显著降低，其他脂肪酸含量有不同程度上升。类囊体膜磷脂组成中磷脂酰甘油（PG）含量显著减少，而磷脂酰肌醇（PI）和磷脂酰胆碱（PC）的含量相应上升。同时，作为膜脂过氧化的产物 MDA 含量明显增高，抵御自由基造成膜损伤的诱导性保护酶 SOD 活性升高，说明水分胁迫诱导幼苗体内自由基的产生并积累，引发叶绿体膜脂过氧化作用。自由基的攻击对象主要是在类囊体膜脂组成中占绝大比例的亚麻酸。PG 是类囊体膜磷脂的重要组成成分，含量高达 61.3%，在组成类囊体膜的 PG、PC、PI 三种磷脂中，PG 的不饱和脂肪酸含量最高，最容易受到自由基的攻击。干旱胁迫处理后，PG 在类囊体膜内的含量显著减少，必然会使类囊体膜的结构受到破坏，从而导致光合作用下降。

干旱胁迫引发自由基的产生并积累，是导致苜蓿幼苗光合膜受损伤的重要原因。干旱胁迫条件下叶绿体和类囊体超微结构的破坏有一定的关联。干旱胁迫下，叶绿体的形态结构随品种和胁迫程度的不同而发生变化。在中度干旱胁迫下，基粒类囊体膨胀，间质片层空间增大，不耐旱品种尤为明显；在严重干旱胁迫下，间质片层空间进一步增大，基粒类囊体进一步膨胀，囊内空间变大，类囊体排列方式发生改变，产生扭曲现象。随着干旱胁迫程度的增加，叶绿体衰老加快，片层结构逐渐解体以致瓦解。

二、干旱胁迫对光能吸收与转换的影响

类囊体膜是叶绿体光能吸收、传递和转换的结构基础，植物参与光能

吸收、传递和转换的各种色素蛋白复合体分布于类囊体膜上。

色素是类囊体膜的重要组成成分，是光能的受体，干旱胁迫对色素组成影响的研究结果较为一致。在干旱胁迫下，由于水分的亏缺，矿质营养不良，能量不足，造成生理过程受到干扰，细胞膜系统（包括与光合作用相关的膜结构）被破坏。这些都可能直接或间接地影响叶绿素含量，造成植物光合强度降低。最终，植物因不能从光合作用中获取足够的物质和能量，而使其生长受到抑制。实验表明，发生干旱胁迫时，叶片中叶绿素a、b和总叶绿素含量均随土壤含水量的降低而明显减少，其中叶绿素a和总叶绿素下降的幅度明显高于叶绿素b，可见叶绿素的下降主要是由于叶绿素a含量的下降引起的，这也导致叶绿素a/b的值也随干旱胁迫程度的加深而表现出下降趋势。以上变化是由于干旱胁迫引起了叶片中叶绿素降解加强，生物合成减弱所致，而叶绿素a可能不及叶绿素b稳定，更容易受干旱胁迫的影响。

通常当吸收的光能在两个光系统之间的分配处于平衡时，光能转化效率最高。远红光下（>700nm），PSⅠ吸收的光能多于PSⅡ，可诱导激发能向PSⅡ分配的比例增加，称为"状态Ⅰ"；红光下（650nm），PSⅡ吸收的光能多于PSⅠ，可引起激发能向PSⅠ分配比例增加，称为"状态Ⅱ"。状态转换可调节激发能在两个光系统之间的分配，称为"满溢效应"。状态转换与光系统捕光复合物可逆的磷酸化反应有关。对PSⅡ向PSⅠ分配激发能有几种假说：①强光下LHCⅡ磷酸化，PSⅡ$_\alpha$部分转化为PSⅡ$_\beta$形式，缩小了PSⅡ光吸收截面，减少PSⅡ对光能的吸收；②PSⅡp从类囊体的基粒片层区转移到间质片层区，与磷酸化的LHCⅡ结合后再与PSⅠ形成复合体，在该复合物中完成光能从PSⅡ向PSⅠ的分配；③"天线移动"假说，即部分LHCⅡ从富含PSⅡ的基粒片层区移动到富含PSⅠ的间质片层区，扩大PSⅠ的光吸收截面，使吸收的激发能有利于向PSⅠ分配。

干旱胁迫不影响叶片及叶绿体低温荧光发射光谱中峰的位置，但可以使PSⅡ和PSⅠ有关的荧光发射峰的强度减弱，说明水分胁迫对两个光系统都造成一定的伤害。随着干旱胁迫的继续进行，PS Ⅱ 的受损更为严重，说明干旱胁迫减少了激发能从捕光色素蛋白复合体的 PS Ⅱ 的传递，与水分胁迫使 PS Ⅱ 捕光色素蛋白复合体（LHC Ⅱ）的含量降低有关，也就是说在水分胁迫下，PS Ⅱ 的荧光发射强度下降幅度更大。

三、干旱胁迫对光合电子传递的影响

光合电子传递速率是反映叶绿体活性的重要指标之一。轻度干旱胁迫电子传递影响较小，只有在严重干旱胁迫下，光合电子传递速率才受到显著抑制。目前干旱胁迫如何影响光合电子传递的研究主要集中在 PS Ⅱ 上。一些研究者认为，水分胁迫作用于 PS Ⅱ 氧化一侧的水裂解系统上，而另外一些人则认为在 PS Ⅱ 的还原侧。研究表明，干旱胁迫首先作用于 Ps Ⅱ 的还原侧，只有当失水超过临界值后，才能在 PS Ⅱ 氧化一侧造成伤害。由于光能被 PS Ⅰ、PS Ⅱ 捕光色素蛋白复合体吸收后，将能量传递给 P_{600} 和 P_{700} 使得它们变成不稳定的激发态 P_{600*} 和 P_{700*}，在 PS Ⅰ、PS Ⅱ 作用中心色素分子的作用下，再由不稳定的激发态 P_{600*} 和 P_{700*} 释出电子，恢复基态，将光能转换为电能。因此色素蛋白复合体降低在引起光能吸收能力下降的同时，使电子传递的起始过程电子从两个光系统溢出的速率降低。同时，存在于光合链的 Ca^{2+}-ATPaSe 活性和 NADPH 光还原活性的降低，使得电子传递在它们相应部位受到不同程度的抑制，从而直接影响电子传递过程；此外，由于 LHCP Ⅱ 蛋白复合体对基粒片层结构有很大的影响，而 LHCP Ⅱ 多肽含量的降低会引起类囊体膜膨胀、膜内空间增大、蛋白含量下降等不利于电子传递的变化，因此以上因素致使光合电子传递受到抑制。

光合磷酸化对干旱胁迫较为敏感，光合磷酸化活性的降低与偶联因子构象的变化有关。干旱胁迫具有部分解偶联效应，使类囊体膜在光下形成的质子梯度减小，从而抑制了光合磷酸化的活性。干旱胁迫的解偶联效应可能与叶绿体偶联因子结构受到伤害有关。在干旱胁迫下，偶联因子的一些主要生化特性，如分子质量、亚基数及电泳迁移率等均未变化，但其构象发生改变，使得与光合磷酸化的底物 ADP 的亲和力下降，光合磷酸化活性下降。研究者从叶内细胞水平上的结果进一步证实，水分胁迫使偶联因子结构受到破坏，从而引起干旱胁迫的解偶联效应，光合磷酸化活性下降，ATP 合成受阻，抑制了光合碳循环的运转，使得叶肉细胞光合滞后期加长。

四、干旱胁迫与光系统保护

植物光合器官能在较宽的光子流密度（PFD）范围内，通过其光合色素系统进行光能的吸收和转化。根据测定光合放氧的最大量子效率，低光强 [约 1000 μ mol/（$m^2 \cdot s$）] 下，光合机构吸收的光量子约 80% 以上被利用，光强约为最大光强的 50% [约 100 μ mol/（$m^2 \cdot s$）] 时，其利用率降至 25%，最大光强条件下 [约 200 μ mol/（$m^2 \cdot s$）] 其利用率仅为 10%。因此，植物仅在很低的光强范围内有最大的光能利用效率。随着 PFD 增加，叶片光合能力达到最大，光能利用率却越来越低，光合机构吸收的光能将超过光合作用所能利用的量，过剩光能可能引起光合效率和光合功能降低，即光抑制。

如果光合机构较长时间暴露在强光下，尤其是强光与逆境协同作用，光合碳同化代谢被显著抑制，量子效率更低。过剩光能极易诱发产生单线态氧（$^1O_2$），从而引起光合色素降解和光合机构破坏，即光氧化或光漂白。多数情况下当光强减弱后植物光合功能可以逐渐恢复，一般不发生色素的大量损失，因而光抑制大多是可逆的。光氧化对光系统结构和功能的损伤则需较长时间的修复过程，甚至难以被修复而大多成为不可逆破坏。光抑制主要表现为 PS Ⅱ 光化学效率（以荧光参数 Fv/Fm 表示）和光合效率的降低。据估计在没有其他胁迫因素时，光抑制可使光合生产力降低 10%，对光抑制机理的研究包括光系统反应中心破坏和光合机构的保护机制两方面。在长期进化过程中植物形成了多种适应性，以利于将强光伤害减小到最低限度。除一些形态上的适应外，光合机构内存在多种保护其免受强光破坏的生物物理和生物化学机制，从而使植物体在自然界能够比较灵活地抵御复杂多变的光照胁迫。光保护机制不仅发生在以光能吸收和转化为特征的光反应阶段，也包括以利用化学能量（NADPH 和 ATP）推动 CO_2 固定还原并带动其他物质转化为特征的光合碳同化代谢，调节吸收光能和耗散过剩光能等方面。

当植物叶片处于低水势状态下，净光合速率下降，光合电子传递受到抑制，由于叶绿体膜复合体将吸收的光辐射能转化为化学能的能力发生变化，使叶绿体量子产额有所下降，随着叶黄素循环的光化学猝灭增加，C_3、C_4 植物通过非辐射能的耗散减轻干旱对光合器官的光破坏作用，同时编码 LHC Ⅱ 基因的 mRNA 含量降低，LHC Ⅱ 构象发生改变；叶肉细胞二氧化碳供应受阻，光合暗反应相应酶活性降低，CO_2 同化速率降低。干旱胁迫使光系统发生光抑制，任何可以通过非破坏方式散失能量的机制都会降低光系统的破坏程度。因此光能吸收能力的降低将避免过剩光能因不能及时耗散对光合器官的损伤，降低光抑制；干旱胁迫下 NADP 光还原活性的降低，使得 NADPH/NADP 维持较低的水平，可减轻由于自由基的产生对光合器官的伤害作用。有实验表明，干旱后恢复供水，其叶绿体功能及 LHC Ⅱ 构象的改变可以被恢复。因此推测在干旱胁迫下，与光合电子传递有关的光能的吸收、传递以及电能转换为化学能的过程受到限制，对于保护光合链有重要意义，主要保护途径如下。

（一）减少吸收光能

植物通过改变叶片形态或相对位置、叶绿体天线色素含量或反应中心数量、叶表面生长或积累盐等途径减少吸收光能。

（二）过剩光能的耗散

光合机构捕获的光能主要有 3 条相互竞争的出路：叶绿素荧光发射、光化学电子传递和热耗散。叶绿素荧光只消耗捕获光能的很少一部分，通过电子传递产生的化学能量被光合碳同化、光呼吸和 Mehler 反应利用和消耗，当光能过剩时以热耗散为主要形式的激发能分流是耗散过剩光能的重要途径。

热耗散程度通常用荧光的非光化学猝灭（qN）来检测，qN 上升表示热耗散增加。在光为唯一胁迫因素的自然条件下，植物可以通过多种方式将过剩光能转变成热的形式散失而产生很少的化学能量，形成一条非光辐射热耗散的有效保护途径。

（三）反应中心的修复

D_1 蛋白的快速周转是 PS Ⅱ 反应中心复合体的内在特征。PS Ⅱ 失活 - 修复循环过程大致如下：过量光能引起 PS Ⅱ 反应中心可逆失活并进一步发生 PS Ⅱ 蛋白的破坏；失活的反应中心从基粒片层转移到间质片层，由蛋白酶降解已被破坏的 D_1 蛋白；新合成的 D_1 蛋白组装到复合体中后再转移到基粒片层，重新被激活行使正常功能。这种修复机制在防止强光对 PS Ⅱ 反应中心的过度破坏十分重要。一些条件下发生光抑制时观察不到 D_1 蛋白的净损失，其重要原因之一就是这种修复机制的有效运转。如果强光对反应中心的破坏超过其修复能力，或采用已失去保护系统的类囊体膜等离体材料，这种修复机制的保护作用也就大大地被削弱，D_1 蛋白的净损失明显可见。

（四）激发态电子分流和还原力（NADPH）的消耗

光合线型电子传递链上，被 Fd_{red} 暂时固定的激发态电子有 3 条出路：形成 NADPH，Mehler 反应和硝酸还原。光合碳同化是利用化学能量的主要储能代谢。光能过剩时，光呼吸和 Mehler 反应等耗能代谢的运转对保护光合机构起一定作用。

长期以来，光呼吸被认为是无效的耗能过程。研究证明，强光下伴随光抑制的发生，光呼吸增强，利用通低氧气体的方法抑制光呼吸，光抑制明显加剧，并提出光呼吸的耗能过程具有一定的光保护作用。

Mehler 反应产生的 O_2^{2-}·由 SOD 催化并歧化生成 H_2O_2 正常的叶片组织含有高活性含血红素的过氧化氢酶（CAT），可快速清除高浓度的 H_2O_2，但 CAT 与底物的亲和力低，对较低浓度 H_2O_2 清除效果甚差。因此，叶绿体内除 CAT 外还主要依靠与类囊体膜结合的抗坏血酸过氧化酶

（APX）和还原型抗坏血酸（AsA）共同作用分解 H_2O_2，氧化型 AsA 通过 AsA–GSH（还原谷胱甘肽）循环及其偶联的氧化还原反应再生还原型 AsA，这一过程要消耗 NADPH。

干旱胁迫下光抑制是植物对胁迫的一种响应，光抑制的本质是当光能过剩时，光合机构内通过加快耗能过程甚至破坏反应中心来降低光能利用效率。可以说光抑制过程就是植物通过多种方式减少过剩光能的积累或加速过剩光能的耗散来防止其对光合机构的损伤，修复机制的有效运转则是植物适应强光或减轻强光破坏的最后一道防线。

植物光合机构以减少吸收光能和降低光能利用效率为代价来避免反应中心过度破坏和光合生产力的过度损失，有利于植物适应多变的生存环境，也有利于植物在自然选择中保存其物种的多样性。

第四节　气孔控制下的光合作用

一、光合作用的气孔限制与非气孔限制途径

叶片光合作用主要受气孔因素和叶肉细胞光合活性的控制。因此，水分、养分状况和环境因子对光合作用的影响也主要通过调节气孔和叶肉细胞活性达到目的。

气孔对光合作用的控制有 3 条途径，即影响 CO_2 的供给、叶片温度和水势。强光、高温、低湿条件下由于饱和差增大引起的气孔关闭，会导致光合作用出现"午休"现象。叶绿体偶联因子对水分胁迫极为敏感，由于水分胁迫抑制了偶联因子的活性及光合磷酸化活性，可以认为叶绿体活性降低使作物光合作用受到抑制。

水分胁迫下植物的生长，一方面通过施肥提高叶片中可溶性糖的含量，借以降低叶片水势，从而提高土壤水分利用率，促进根系生长；另一

方面通过施肥抑制气孔蒸腾，提高叶片保水能力。在干旱胁迫下，植物气孔关闭，使 CO_2 摄取量减小，光合作用迅速下降。耐旱性较强的品种能维持较高的光合速率。

在轻度干旱胁迫下，叶片光合速率降低的根本原因在于气孔导度的下降；而在严重胁迫下，非气孔因素起主要作用。植物的气孔运动对空气湿度和水分状况的变化是敏感的。干旱胁迫条件下苜蓿叶片在暗中气孔关闭快、光照下气孔开放慢。部分可能与这些因素所引起的气孔行为变化有关：水分状况差或空气湿度低时，气孔在暗中关闭快，在光下开放慢，导致诱导期拉长，即使暗处理后再照光时光合作用也需重新经过一个较长的诱导期才能恢复到原来的稳态水平。

为了对光合作用的气孔限制程度做出更准确的定量估计，可以计算出气孔限制值 L_s，目前有两种常用的方法。

（一）根据阻力值的计算

测出 CO_2 扩散的总阻力、气孔阻力和叶肉阻力，则可计算出气孔阻力在总阻力中所占比值，并将此比值作为气孔限制值：

$$L_s = \frac{r'_g}{\sum' r} = \frac{r'_g}{r'_g + r_m} \quad L_s = \frac{C'_a - C'_i}{C'_a + C'_{chl}}$$

C'_{chl} 设为 0，则有：$L_s = \dfrac{C_a - C'_i}{C'_a} = 1 - \dfrac{C'_i}{C'_a}$

当气孔完全关闭时，$C_i = 0$，$L_s = 1$；当表皮完全无阻力时，$C'_i = C_{a\circ}$，$L_s = 0$。

L_s 为 0~1。但此种计算方法只适用于 CO_2，供应为限制因子时，即 P_n—CO：曲线的直线上升阶段。因为两者呈直线关系，所以用 CO_2 浓度即可代表光合速率。

（二）根据光合值的计算

随着曲线的弯曲，CO_2 浓度虽然继续增加，而光合速率并不随之成比例增加，不能以 CO_2 浓度的变动来表示光合速率的变动。即光合速率的变化不完全是 CO_2 供应限制改变的结果。在这种情况下，应该以实际光合值来计算。

$$L_s = \frac{A_0 - A}{A_0} = 1 - \frac{A}{A_0}$$

式中，A_0 是当 $C'_i = C'_a$ 时的 P_n，或气孔阻力为 0 时的光合速率，此时完全没有气孔限制；A 是空气中的 CO_2 浓度为 C'_a 时的 P_n，即在气孔阻力的作用下，由于 CO_2 扩散受限制而使光合作用达到的实际值。两者之差即为气孔限制造成的光合下降，与理论值 A_0 相比，即为气孔限制值。

二、光合作用气孔和非气孔限制的区分

当叶片遭受干旱胁迫时由于水势下降使气孔保卫细胞的膨压相应下降，气孔关闭，于是空气中 CO_2 通过气孔向叶内扩散受阻，这是光合速率在干旱胁迫条件下降低的主要原因。随着叶片水分状况的恶化，光合速率与气孔导度也同步下降。

然而，上述理论忽视了两点，即只有叶肉细胞不断的同化、消耗 CO_2，使叶肉细胞间隙中的 CO_2 浓度降低从而形成 CO_2 的内外梯度，CO_2 才得以通过气孔向内扩散。如果叶内细胞同化能力很低（如由于缺水的影响），气孔即使处于开张状态，CO_2 向叶内的扩散也不能加快。如空气中 CO_2 进入叶内被同化的过程依次为：空气中 CO_2^- 叶肉细胞间隙 CO_2^- 叶肉细胞内部 CO_2^- 叶绿体同化部位 CO_2。其中第一步是空气中的 CO_2 通过气孔向叶肉细胞间隙中扩散，第二步是由细胞间隙通过细胞壁、质膜向细胞质内的扩散，这一步骤是在液相中进行的，第三步是从细胞质中向叶绿体内 RuBP 羧化酶的羧化部位扩散，最后由羧化酶固定——其中任何步骤的速率在不同情况下都有可能成为限制因子。例如，在清晨，随着光子流密度（PFD）的增加，叶肉细胞同化能力迅速增强，此时气孔开度虽然也在增大，但仍不能满足叶肉细胞同化时的要求；或者在水分亏缺的初始阶段，气孔开度首先下降（保护性适应），但此时叶肉同化能力尚未受到影响。在这两种情况下，气孔导度将成为限制光合作用的主要环节。反之，

当某种原因使叶肉细胞同化能力降低时（如羧化效率下降），气孔限制将让位于叶肉限制。

三、干旱胁迫对光合产物形成、积累以及分配的影响

植物产量主要来自光合作用，产量的高低取决于光合产物的形成、积累与分配。水分过少造成干旱逆境，不利于植株的光合作用，使光能未能得到有效利用，从而降低光合产物含量。经不同强度干旱胁迫处理后，光合产物叶绿素含量，总糖、淀粉、氨基酸和蛋白质含量与对照之间均存在显著差异。

（一）干旱胁迫降低了光合速率

在干旱胁迫下，植物气孔关闭，使 CO_2 摄取量减小，光合作用迅速下降。轻度干旱胁迫下，气孔的限制是光合速率下降的主要原因；即气孔关闭或部分关闭降低了 CO_2 的供应量，从而抑制光合，而严重干旱胁迫下，叶肉细胞光合能力的降低是光合速率下降的主要原因。叶肉细胞光合能力的降低可能是由于光合量子效率、羧化效率、光合电子传递速率及光合磷酸化活力的下降所致。干旱下细胞体积缩小，基质浓度增加，抑制叶绿体光合。

研究表明，随着干旱胁迫的加强，光合速率与气孔导度同步下降。但是，在干旱胁迫条件下，光合作用除受气孔限制外，还受非气孔限制，且与植株的耐旱性密切相关。

干旱条件下，耐旱性强的植物叶绿素含量下降速度比耐旱性弱的慢，即，耐旱品种在干旱条件下都能维持相对较高的光合速率。土壤水分供应不足或过多均会影响植物的光合作用。

（二）干旱胁迫与光合产物合成积累

干旱胁迫使叶片的净光合速率下降，光合产物合成量减少，同化物向外输出量和速率降低。研究发现，干旱胁迫降低了标记叶吸收 $^{14}CO_2$ 的能力和标记叶 ^{14}C 光合产物输出量及向其他器官输出的百分率。一般来说，

胁迫后复水叶片的光合功能恢复，净光合速率增加，表现出一种补偿效应。干旱胁迫下光合产物合成积累与光合羧化效率有关。轻度干旱胁迫对光合羧化效率几乎没有影响。只有在严重干旱胁迫下，光合羧化效率才降低，仅为对照的 32%，而羧化效率是可以用来反映 RuBP 羧化酶活性的，表明严重干旱胁迫抑制了 RuBP 羧化酶的活性。但也有一些研究表明，干旱胁迫对该酶的活性没有影响，可能与他们所施加的干旱胁迫的程度不够有关。严重干旱胁迫下，RuBP 羧化酶活性的下降可能是由于该酶蛋白含量减少所致。

1. 干旱胁迫对糖脂及淀粉含量的影响

可溶性糖和淀粉是光合产物运转与累积的主要形式，淀粉是在叶绿体内形成的。干旱胁迫使光合速率降低，叶片细胞内可运态蔗糖浓度降低。细胞中糖脂主要分布于叶绿体中。随渗透胁迫程度加深糖脂含量下降，与之相伴随游离脂肪酸（FFA）含量增加。糖脂可稳定膜结构，并在蔗糖运输中起作用。因此，糖脂含量的大量减少必然导致叶绿体膜结构与功能的改变，降低其光合能力。研究发现，干旱下叶绿体 FFA 含量增加，不饱和度下降，说明膜脂受到活性氧攻击，发生过氧化作用，O_2^-· 积累量增加，糖脂含量减少，FFA 含量增加，因此，渗透胁迫下叶绿体膜结构的受损与活性氧对膜的伤害有关。

2. 干旱胁迫对蛋白质含量的影响

叶片可溶性蛋白质中与生长发育有关的酶占较大比例，其含量的多少既反映叶片氮代谢水平和叶片生活力的高低，也是叶片光合产物代谢强弱的重要指标。

干旱胁迫下，由于核酸酶活性提高，多聚核糖体解聚及 ATP 合成减少，使蛋白质合成受阻。同时，一些特定的基因被诱导，合成新的多肽或蛋白质，称为干旱胁迫蛋白。这些蛋白多数是高度亲水的，它们有抗脱水作用。已发现的干旱胁迫蛋白很多，其功能可能包括离子的隔离、对膜结构的保护，恢复一些蛋白质的活性和形成特定的水离子或溶质通道等。

3. 干旱胁迫对氨基酸含量的影响

干旱胁迫引起氮代谢失常的另一个变化是游离氨基酸增多，特别是脯氨酸。

游离脯氨酸作为渗透调节物质在植物体内积累的现象已有许多报道。目前，认为干旱胁迫下脯氨酸的积累是由于脯氨酸增加和氧化代谢速率降低所造成的。对于抗性不同的品种研究发现，干旱胁迫下，脯氨酸累积水平与耐旱性呈正相关。在土壤干旱逆境条件下，植株会进行脯氨酸的累积，其含量随干旱胁迫强度的增强而增加。不同品种的脯氨酸含量增加程度不一致，在相同的干旱胁迫程度下，不同品种脯氨酸含量不同。脯氨酸含量变化程度与品种的耐旱性有密切相关。

（三）干旱胁迫与光合产物分配

苜蓿生长初期至苗期，干旱胁迫使碳同化物向茎叶地上部分运输减少，而往地下根系部分运送的较多。这可能是由于所处的胁迫程度和持续时间不同所致。另有研究发现，干旱胁迫处理只表现为向地上部分配光合产物增加，向根分配未增加，反而降低，可能与水分胁迫程度过重、引起根系的生长受到严重抑制、根的压强下降、吸引同化物的能力降低有关。胁迫后复水光合产物在植物体内的运输和分配在干旱胁迫、充分供水两种水分条件下均不同，胁迫期间同化物合成和输出量均减少，胁迫后复水，同化物合成和输出均较胁迫条件下有所改善，但仍未完全恢复到充分供水的水平。

第四章　ABA 生理效应与气孔运动

第一节　ABA 及其生理效应

早期人们研究干旱对植物的影响时发现：当土壤变干时，叶水势下降，生长减缓，膨压随之下降而引起气孔关闭，因此认为水力学信号控制了干旱下植物的反应。但现在越来越多的研究表明，并不是所有植物都具有这种对干旱的反应，当植物的水分状况并未受到影响时，生长和气孔即已产生反应，在这些植物上与其说是水分状况控制植物反应，不如说是气孔控制植物的水分状况。后来的加压实验、分根实验进一步证实了这种观点，这说明当土壤变干时，根系会产生一种非水力学信号传递到叶片中以致植物经受内部水分胁迫前，失水减少，气孔关闭。

1967 年第六届国际生长物质会议上将其统一命名为 ABA。由于根系在干旱时常会产生和积累大量的 ABA，且能降低气孔开度，抑制生长，因此 ABA 作为一种"胁迫激素"成为非水力学说的中心。由于"胁迫激素"的信号载体是 ABA 和其他化学物质，因此又称为化学信号。虽然细胞分裂素、pH 值的变化和矿质元素都可能对干旱产生反应，但 ABA 的中心作用是不容置疑的。除控制气孔运动外，ABA 在干旱下植物适应性调控方面有很多作用（表 4-1）。

表 4-1　与耐旱相关的 ABA 生理效应

效应	结果
气孔导度下降	减少失水增加 WUE
抑制光合	生长发育和产量下降

续表

效应	结果
增加根系的水分运输	增加吸水，但正在蒸腾的植物可能无效应，影响离子浓度和膜性质
影响同化物的分配	增加根冠比，改变根系形态
降低叶片生长	降低蒸腾速率，细胞较小
维持根系生长	增加吸水
叶形态学改变（角质层较厚，表皮毛状体较多，气孔数减少）	减少失水
分枝减少	同化物利用更有效，同时减少蒸腾面积

由于根源 ABA 在调节气孔行为和水分平衡方面的重要作用，其对 WUE 的研究也引起了人们的重视。研究发现：土壤干旱时，根系 ABA 浓度增加，气孔导度降低，由于光合对气孔的依赖大于蒸腾对气孔的依赖，单叶 WUE 亦有明显增加。但由于单叶 WUE 的瞬时性，很难与植物的群体生产力联系起来。因此，根源 ABA 如何调控植物的生长发育、生产力和群体 WUE 是一个重要问题，目前关于这方面的研究工作结论并不完全一致。

一、ABA 在植物体中的分布及其测定

ABA 在维管植物中普遍存在，在含有叶绿体或造粉体的几乎所有细胞中均可合成，水分充足时细胞内 ABA 含量呈现均匀分布。放射免疫分析表明细胞溶质、核、叶绿体和细胞壁中都存在标记 ABA，并且标记量没有差异。整体而言，从根尖到顶芽的每个主要器官或活组织中都有 ABA 分布，但在植物体的不同部位，ABA 分配比例存在差异。正常植株中，根系比叶片往往含有更多的 ABA，根系成为产生 ABA 的主要部位。研究发现，不论是次生根还是初生根根尖及成熟部位 ABA 合成都很快，根尖合成 ABA 的量约占其总量的2%；虽然根的中柱和皮层在失水50%或更多时，有等同的 ABA 合成能力，但大量的 ABA 主要积累在根尖部位，这可能是根尖细胞较低的液泡化和高比例的细胞溶质的结果。

在水分胁迫条件下，植株各部位 ABA 含量均会产生不同程度的直接

或间接的增加，但是这种增加在环境水分状态恢复到正常水平后可以被逆转。利用放射性标记实验已经证明，干旱情况下整体植物老叶和幼叶间的 ABA 也会重新分布，即老叶向幼叶输入 ABA，干旱时幼叶比老叶 ABA 含量高。另有研究认为，木质部 ABA 的第 1 个来源是叶片，与根系相似，受渗透胁迫的叶片也能迅速积累大量 ABA。叶片合成的 ABA 通过韧皮部运转到根部，在根系中有一部分 ABA 存储在组织中，另一部分 ABA 又通过木质部导管进行再循环。ABA 的这种既可以在植物的叶片和根系中合成，也可以在植物的木质部和韧皮部、由植物到土壤和由土壤到植物中快速移动，同时可以随着 pH 的变化在不同组织的不同区间进行区隔化的特性，使其作为根源信号物质一直被研究者所关注。

目前，用于 ABA 检测的方法包括生物分析方法，如利用 ABA 抑制麦芽鞘生长、种子萌发以及赤霉素诱导 α–淀粉酶合成，促进气孔关闭和相关基因表达等特性；物理和化学方法，如气相色谱法或高效液相色谱法、免疫学方法等，此类方法更有利于对 ABA 的定量测定。

二、ABA 与植物生长

水分胁迫下，植物叶片扩张生长速率和气孔导度通常下降，这是根源信号 ABA 最重要的生理效应之一。这种观点主要来自于在正常灌水条件下外施 ABA 抑制了植物根茎生长的实验观测。在水分胁迫情况下叶片扩张速率和气孔导度的下降对遭受缺水的植物有益，因为生长的减少既增加了同化物的可利用量，又导致了渗透活性物质在叶片和根中的积累，从而维持了根系膨压，更避免了植物因进一步失水而造成的伤害。干旱条件下，根系生长受到抑制被认为与根源 ABA 浓度的增加有关。

研究发现：当用化学方法去除干旱下植物中的 ABA 时，初生根的伸长速率反而下降，而当恢复内源 ABA 浓度时，初生根的伸长速率恢复，证实干旱下根源 ABA 浓度的增加对维持根系的生长是必需的。

干旱既加速了植株根系的生长也加速了其死亡，同时抑制了冠层生长，但总根量甚至要大于对照的根量，从而导致根冠比的增加。进一步的研究发现复水后根系死亡速率加快，而干旱下新根的生长足以维持对地上茎叶部分的水分供应，这似乎是比减小叶生长和茎扩长速率更为有效的一种避旱方式。这种根生长的增加，对生长在干旱土壤中的植物可能有利，因为它可以促进植物水分吸收。

ABA 通常被看作侧根发育的抑制物质，但在很大程度上取决于其含量水平及与其他生长激素类之间的相互作用，其可能是作为一种内在信号起作用，作用的专一时期是在侧根原基突出主根后和侧根分生组织开始活动前这个发育阶段。

实验结果表明：在同样可产生 ABA 的情况下，不同品种表现的敏感性不同，这与根系分布模式不同有很大关系，即根系特征影响根化学信号的强度，根信号强度控制着气孔行为和干物质积累，而后者又影响着干物质积累和 WUE。上述结果说明：通过影响根系特征来调节根源化学信号强度是提高 WUE 和产量的重要途径之一。但目前这方面的研究相对薄弱，事实上，由遗传特征决定的不同品种对化学信号的敏感性和生产力状况之间的差异具有重要的实践意义，对此应当做深入研究。

三、ABA 与根系吸水

ABA 作为一种胁迫激素，其对根系吸水的影响也早已引起了人们的注意，但早期这方面的研究结果存在较大矛盾。这主要集中于外源 ABA 或可改变根系的水力导度和渗出速率。实验研究结果各不相同，之所以产生这样大的分歧，其原因可能在于实验方法的不同，也可能在于内源 ABA 和外源 ABA 的作用并不相同。

用压力室法研究了外源 ABA 和干旱下根系内源 ABA 对根系水力导度的影响，并同时测定了渗出汁液的浓度，发现用外源 ABA 饲喂后，根系水力导度增加，干旱下内源 ABA 会增加旱后根系水力导度的恢复和根系渗水速率，其原因在于 ABA 可增加根细胞膜的透水性。还发现根系水力

导度随根中 Ca^{2+} 浓度的增加而增加，ABA 可增加根系水力导度，且 ABA 对根系水力导度的促进随 Ca^{2+} 浓度的增加而增加，这种增加并不是因为 ABA 改变了根系的离子转运。

因此认为 ABA 与 Ca^{2+} 涉及根系水流的调节，但与 AQP 的调节无关。但也有研究表明，干旱胁迫下 ABA 有可能是通过促进 AQP 的表达和调节其蛋白活性两个水平促进根系整根及单细胞水力导度提高。

研究发现，ABA 的确可提高根系的水力导度，但其作用机制并不清楚。目前研究表明，植物组织（包括根系）细胞感受胁迫信号后大致经两种胞内信号传导途径，一种是依赖于 ABA 合成的信号传导途径，另一种是不依赖于 ABA 合成的信号传导途径。已知水分胁迫下 ABA 增加抑制了气孔蒸腾，而 ABA 对根系吸水却有促进作用，吸水的增加和失水的减少均有保持一定水合能力的作用，而这两种不同的 ABA 根茎效应都有助于胁迫下整株水平上植物生理功能的保持，看来 ABA 通过这一点可提高植物对逆境的适应能力。

第二节　干旱胁迫下气孔响应

气孔是陆生植物特有的适应大气环境的一种结构，它由一对保卫细胞和一对副卫细胞组成，两个保卫细胞之间的孔隙是气孔本身。保卫细胞的外侧比内侧薄，因而在吸水膨胀时外侧变大的程度要高于内侧，使细胞向外弓起，气孔变圆，开度增大；反之，失水时保卫细胞变直，气孔变长，开度减小。当植物光合所需的 CO_2 通过气孔进入内腔供叶肉细胞生产光合产物的时候，内腔里接近饱和的水蒸气也通过气孔散失到大气中去。这种特有的气孔结构作为植物与环境之间气体和水分交换的关键门户，既避免了干旱下植物水分的过度散失，又保证了植物光合作用的进行，因而在植物生命活动中起着极其重要的作用，长期以来一直受到研究人员的极大重视。目前随着世界人口的增加，世界范围内水资源供需矛盾日趋尖锐，如何实现对有限水资源的高效利用以提高这种情况下作物的植物生物学产量已成为一个全球性问题。干旱下植物气孔运动控制机制的研究，对深入探讨植物适应环境的机制、植物与环境之间的关系，以及解决上述问题具有重要的理论和现实意义。

一、气孔对干旱的反应

在正常气候条件下，植物气孔开闭主要受光照和 CO_2 两个因素调控，昼夜之间气孔的开闭具有周期性。气孔常于晨间开启，开始进行光合作用；午前张开到最高峰，此时，气孔蒸腾也迅速增加，保卫细胞失水渐多；中午前后，气孔渐渐关闭；下午当叶内水分增加之后，气孔再度张开；到傍晚后，因光合作用停止，气孔则完全闭合。气孔开闭的周期性随气候、水分条件、生理状态和植物种类而有差异。但干旱条件下，水分条件就成为决定气孔开闭的主要因素。

二、气孔对大气湿度（大气干旱）的反应

当空气相对湿度下降，而叶片水分状况并未改变时，叶片气孔也关闭，蒸腾降低，这种气孔的湿度反应不同于土壤水分的胁迫反应。气孔较早地关闭防止了叶片可能发生的水分亏缺和水势下降，因而将这种气孔反应称为前馈式反应（feed-forward manner）或"预警系统"。一般 Gs/VPD（Gs 为气孔导度，VPD 为大气饱和水气压差）来表示植物气孔对空气相对湿度变化的敏感性。气孔对空气相对湿度变化的反应是可以调节的。很明显，气孔的这种反应可防止植物体内过度的水分亏缺，特别对于那些生长在周期性高蒸发地区的植物、抗脱水能力弱的植物以及还没有适应干旱的植物，尤其在植物的关键发育阶段，如花芽形成和花粉形成期。

传统上，一般用气孔孔缘蒸腾（peristomatal transpiration）来解释气孔对大气湿度的反应。在环境 VPD 下，保卫细胞通过表皮蒸腾失水，而这

种水分损失主要由周围的表皮和（或）下表皮腔来弥补，并假定在水分亏缺增加的保卫细胞上，这种水流阻力是气孔孔缘蒸腾的函数。按照这种解释，许多人试图验证这种气孔孔缘失水及其对保卫细胞膨压的影响。在紫鸭跖草上用细胞压力探针（cell pressure probe，CPP）技术证实孔缘蒸腾不能解释气孔的湿度反应，因为在黑暗中当湿度改变、气孔关闭时，表皮膨压仍维持不变，而在光下表皮膨压与蒸腾呈负相关。对不同叶组织层水分关系参数的进一步调查发现，表皮细胞的膨压总是低于叶肉细胞的膨压，且与表皮细胞的渗透势低于叶肉细胞相对应，因此他们推测在这种情况下水分的蒸腾主要来自于叶肉细胞，气孔的孔缘蒸腾并非以前所说的那么重要。他们的进一步实验发现：叶肉细胞膨压最高，保卫细胞与表皮细胞膨压类似，当空气湿度降低时所有细胞膨压均降低，而当空气相对湿度升高时，所有细胞膨压均升高。与表皮和叶肉细胞相反，仅有保卫细胞渗透势有所变化，所有情况下叶肉细胞水势最低，表明水分蒸发主要在叶肉细胞。电子显微镜解剖结果也证实了上述结论，镜检显示在紫鸭跖草上有一个由外部向气孔腔扩展的内部角质层覆盖了保卫细胞、副卫细胞内侧甚至表皮细胞的大部分，这种内部角质层的扩展在表皮细胞和叶肉细胞的过渡带中止。很明显，在蒸腾期间保卫细胞和副卫细胞的蒸腾损失由于表皮角质层覆盖而明显减少，水分蒸发主要产生于叶肉细胞的细胞壁。因此，通过对细胞水分关系、气孔运动间关系的研究，认为当空气湿度下降时蒸腾速率的降低可能来自于在高的叶肉蒸腾速率下表皮细胞吸水的停止，使得保卫细胞膨压的降低大于叶肉细胞膨压的降低，从而引起气孔关闭。由上述结果分析可知气孔对空气湿度的反应不是由孔缘蒸腾所引起的，气孔的湿度反应也不是一种前馈调节，虽然低湿度下整个叶片的水分状况并未发生变化，但在气孔复合体内由于叶内部水流变化引起了细胞水分关系的改变。因此，气孔对空气湿度的反应似乎是一个前馈调节的反馈控制（feed-back manner）机制，当然，这种反应也受生理调节的影响，ABA 与此反应可能有关，叶内水分关系的改变诱导了叶内 ABA 的重新分配。

三、气孔对土壤干旱的反应

气孔对土壤水分胁迫反应的传统观点认为，气孔开度受植物水分状况调节，是一种反馈反应。当土壤变干时，植物的水分供应减少，叶水势下降，膨压随之降低而引起气孔关闭，在气孔器的细胞水平上已经证明在对VPD反应过程中会产生这种反馈反应，然而在整株水平上并不是所有植物都存在这种气孔的反馈反应。

对受旱幼苗的研究发现：受旱植株在中午的叶水势高于对照，而且这种高水势与较低的气孔导度有关，因此认为这些植物与其说是水分状况控制了叶片的气孔运动，还不如说是气孔运动控制了植物的水分状况，这种气孔运动能使植株在几分钟的时间规模内调节植物与大气之间的可逆气体交换，并使其干物质生产与水分消耗间达到最优化。目前研究人员已经提出了一种理论来解释这类植物在干旱下的气孔运动。该理论认为植物的气孔开度受起源于受旱根且通过植物体内的水流传递到气孔复合体的化学信号控制。

第三节　干旱下气孔反应控制理论

目前，关于干旱下气孔反应的控制主要有两种理论：一种是传统的水力信号控制理论，认为干旱下植物气孔运动受叶片水分状况控制；另一种是化学信号控制理论，认为干旱下植物气孔运动受起源于受旱根且随水流传递到气孔复合体的化学信号控制。

一、水力信号控制理论

早在一个多世纪前，人们就发现植物的局部伤害可以诱导出快速的系统反应，然而并不清楚这种系统反应的控制机制。20 世纪 50 年代以后对植物水分关系全面、深入的研究结果，启发人们把植物水分状况与植物对外界刺激的系统反应联系起来，明确了植物水分状况在外界刺激转化为植物反应过程中的重要作用，这导致了植物水力信号理论的提出。该理论认为高等植物体内具有非常发达的水分运输系统和丰富的含水量，在正常情况下植物体内的维管组织构成了一个运输效率高、速度快、阻力小的水链系统。在这一水链系统中，由根到叶的水势逐渐降低，叶片不断蒸腾失水，根则持续吸收水分，植物体内始终维持一定的水势差。当植物遇到外界刺激引起植物体内水分状况的改变时，这种水分状况的变化作为一种信号，沿着植物体内的水链系统传递到植物体的其他部分，从而引起了植物的系统反应，如生长的加速等。对单株植物而言，只要其木质部存在张力，便可产生水力控制信号，因而植物在正常条件下保持良好水分状况是水力信号产生的前提条件。植物水分状况与其气孔导度密切相关的结论也证实水力信号控制理论同样适用于干旱下的气孔控制，即干旱下气孔运动受水力信号的控制：当土壤干旱时，根系水势降低，对地上部的水分供应减少，根—叶水链系统内的水力特征改变，如水势差减小、水流减少、叶水势降低，从而引起植物的系统反应——气孔关闭、蒸腾降低。研究认为控制植物系统反应的水力信号系统由两部分组成：一部分为快速反应部分（膨压的作用），即压力变化的快速传递，指根系受旱后失水，压力降低，这种压力变化（压力波）在植物体内迅速传播；另一部分为从受旱根系而来的水（细胞汁液）的物理流动（渗透势的作用），这是一个慢速反应过程，在植物防御反应的调节中具有重要意义，这两个部分共同控制着干旱下植物气孔的反应。虽然水力信号控制理论在解释某些植物在干旱下的气孔反应方面获得了成功，当用来说明某些"恒水植物"在干旱下的气孔行为时却遇到了很大困难，这导致了化学信号控制理论的提出。

二、化学信号控制理论

化学信号控制理论认为当植物遭遇土壤干旱时，根系作为土壤干旱的感受器而感受到干旱，并随之产生某种化学物质，随水流转运到叶片上的气孔复合体而关闭气孔。实验结果也证实了该理论的正确性，其中最著名的为 Blackman 和 Davies（1985）的分根实验，即将植株分别生长在两个盆内，让半边根系充分供水而另一半受旱，并与两边均供水的对照相比较，结果发现一半根系受旱植株的气孔导度明显下降，浇水后则明显升高至对照水平，若用刀片切去干土中的根也可以恢复气孔导度和生长速率。而且在此过程中两种处理间的叶水分状况并无明显差别，因此他们推测干旱土壤中的根系产生了某些物质而控制了气孔的行为。

为了寻求土壤干旱后根系产生的一系列变化中哪一种变化能传递土壤中可用水量多少的信息从而调控气孔的行为，又对根系形态进行了研究，发现土壤缺水的根系所遇阻力增大、根变细、根表皮木质部栓化、皮层瓦解。但这些变化并不能提供信号物质的证据，而只是信号产生的结果。后来大量的研究工作证实根源 ABA 在水分胁迫下会大量累积，且能降低气孔导度、抑制生长。并发现水分胁迫下叶片保卫细胞中的 ABA 含量是正常水分条件下含量的 18 倍。更有甚者，有研究报道干旱条件下叶片中 ABA 浓度可以剧增 50 倍，这是目前报道植物对环境信号作出反应时激素浓度变化最为剧烈的例子。因而 ABA 作为一种"胁迫激素"已成为化学信号理论的中心。化学信息可分为正信息和负信息，负信息产生于紧张根系，可促进气孔开放和生长，土壤干旱情况下其产生和运输减少，细胞分裂素（CTK）就是负信息的一个典型例子；正信息则在土壤干旱下产生，且减小气孔开度、抑制生长，如 ABA，木质部汁液中的矿质组成和 pH 或许提供了额外的信息。

三、水力信号理论与化学信号理论的统一

气孔导度由水分状况（或完全依赖于水分状况的化学信号）控制仅在某些情况下适用；起源于根中的化学信号控制气孔行为可能更为广泛（并非 ABA 一种物质所能承担），但这种化学信号理论也并不能解释所有情况如气孔导度对木质部汁液 ABA 浓度反应的种间或品种间差异、实验条件造成的气孔反应差异、气孔导度的日变化行为等，而水流和叶水势的变化可能是这种化学信号的作用基础。在影响气孔行为方面，ABA 浓度和叶水势之间存在互作，这种互作为受旱植株间或品种间气孔导度对 ABA 浓度的敏感性差异以及气孔导度的日变化过程提供了良好解释，尽管一天内木质部汁液中的 ABA 浓度相对恒定甚至有些降低，但在一天的前几个小时内气孔或许由于其对 ABA 信号的不敏感而开放，而随着时间过程的推移，蒸发需求造成叶水势的降低增加了气孔对 ABA 浓度的敏感性而使得气孔关闭。这种互作的原因尚不完全清楚，一个可能的解释是 ABA 在叶内重新分配使得叶片质外体 ABA 浓度发生改变，当叶片在一天内受旱时，ABA 从叶肉细胞的共质体向保卫细胞移动；当叶水势明显降低时，木质部和气孔复合体之间蒸腾流通量的变化或许也影响了根源 ABA 在共质体和质外体间的分配；另一个解释则是叶表皮水分状况对气孔反应产生了直接影响，由于保卫细胞中 ABA 接受器敏感性增加或保卫细胞膨压与气孔开度之间非线性关系的存在造成了更大的 ABA 效应。由此可见根系中化学信号固然重要，但叶片水分状况也是化学信号和气孔反应之间的中介和必要条件，在某种程度上，水分关系或许影响了信号的产生、转运和气孔对信号的敏感性，可以说叶片水分状况也是这一信号系统的组成之一。化学信号极可能在干旱初期水力信号产生前控制气孔方面起重要作用，但在严重干旱下叶片水势下降和萎蔫时，化学信号的作用减弱，而水力信号则启动了叶片 ABA 的产生，实验条件的不同（证实根系化学信号调控气孔开度的实验多在偏低的蒸发条件下进行，与田间的高蒸发条件有很大差

异）或许夸大了根系化学信号的作用，而忽视了叶片水分状况和水流的作用。

控制干旱下气孔运动的机制究竟是化学的还是水力学的争论或许反映了这种现象的两个方面，这两种理论都可以提出令人信服的证据，但各自又都不适应所有情况，因此需要一个更复杂的控制机制来说明这一问题。随后又提出了一个化学信号和水力信号共同作用的系统模型，并对其在控制干旱下植物气孔行为方面的作用进行了讨论，认为叶片气孔导度可控制植物体内的水流，而气孔导度则由依赖于水流的化学信号所控制；气孔导度对信号的敏感性又取决于水力特征（水势）；同时这一整合的系统又对水势和木质部汁液的 ABA 进行调控。短期内，ABA 浓度可保持相对恒定，气孔通过改变其对 ABA 浓度的敏感性而与环境发生联系；较长时间内 ABA 浓度逐渐增加，以调节气孔的运动。

第四节　根源信号 ABA

一、ABA 作为根中信号控制气孔运动

现在已有大量实验结果证实：干旱下根系脱水产生 ABA 并随水流传递到叶片控制了植物的气孔导度，以根类为材料的研究都证明土壤含水量下降，根系 ABA 含量成倍增加，并同时伴随气孔导度的下降，根系是 ABA 的主要产生位点。在水培实验中发现干旱下根系 ABA 含量成倍增加，由于根系自身的生理异质性及其在土壤剖面不同深度的分布不同，因而大田条件下根系 ABA 浓度与叶片气孔 Gs 之间不存在恒定关系，在这种大田情况下，根系 ABA 含量的空间差异或许在控制根生长方面有更重要的作用。

由于受旱根系产生 ABA 经木质部液流运输到地上部分控制了叶片的

气孔导度，因此受旱叶片 ABA 浓度应大量增加，但事实并非如此，叶片 ABA 浓度在干旱下仅稍有增加，且晚于根系 ABA 浓度的增加。

分根实验结果表明 Gs 降低 30%~40%以前，叶片 ABA 浓度无明显变化。并发现仅在气孔关闭后叶片 ABA 浓度才有增加，因此认为叶片 ABA 浓度的增加或许是气孔关闭的结果而不是原因。另外叶片分室结构的存在使不同部位的 ABA 浓度并不相同，其中仅有某些部位的 ABA 浓度对控制气孔起作用。研究曾分析了植物叶表皮中的 ABA 浓度和气孔导度间的关系，发现二者存在明显相关，而用相同浓度的外源 ABA 饲喂叶表皮和叶片时，前者的气孔关闭了 76%，而后者的气孔仅关闭了 13%。因此田间条件下，整个叶片中 ABA 浓度与 Gs 之间的关系也不紧密。

基于上述原因，加之叶片中质外体包围着保卫细胞，而木质部汁液直接到达质外体，因此根源信号研究从根系和叶片转移到了木质部汁液成分的研究。虽然早在 1968 年，Lenton 等就在受渗透胁迫的植物木质部汁液中检测到 ABA 浓度的增加，但并未将这一变化与气孔关闭联系起来。直到 1989 年，研究人员在检测受旱玉米和向日葵木质部 ABA 浓度时发现，当植物部分根系经受土壤干旱时其木质部汁液 ABA 浓度迅速上升，叶气孔导度下降，当给正常供水的植株根尖饲喂 ABA 时，向日葵及玉米植株木质部 ABA 浓度也显著增加，且与气孔导度之间存在同样的相关关系。虽然因物种不同而略有差异。这一切都说明：ABA 是木质部汁液中起抗蒸腾作用的化学物质（并非唯一的），它主要产生于根系，并随蒸腾流沿木质部导管进入叶片，调控气孔运动。ABA 在根和叶中均有合成，但目前并不清楚在根中的具体合成部位，而这一点对植物感知土壤水分状况有重要作用，根中 ABA 浓度与土壤水分状况和根系相对含水量存在密切相关，有研究认为 ABA 主要在根尖部位合成，但目前此类研究主要测定了根系不同部位的 ABA 含量，而并未测定相关 ABA 合成酶的活性，因此需要进一步详细的研究。

试验发现，ABA 不仅在木质部中从根向茎转移和在叶中重新分配，而且在韧皮部中也存在一个 ABA 的逆向流动，在植物的地上、地下部之间存在一个 ABA 的无效循环，因此必须考虑是根还是叶中 ABA 浓度的增加。研究还估算了这个循环的大小，认为在良好供水的植株上，ABA 经由木质部输入叶的速率等于从韧皮部输出到根中的速率，水分胁迫下经木质部的输入增加，而经韧皮部的输出维持恒定或减少，因为土壤水分胁迫影响了韧皮部 ABA 的卸载，糖浓度增加而 ABA 再循环减少，这立刻增加了叶片中 ABA 浓度而且可能比根中合成新 ABA 再运输到地上部的作用更快。

由于干旱下叶片衰老会产生大量的 ABA，因此老叶中的 ABA 在这一循环中的作用值得重视。去叶实验证明，受干旱胁迫植株叶片中 ABA 对木质部 ABA 具有显著贡献。研究认为叶表皮叶绿体中累积的 ABA 会在干旱下释放，并移向根系和在叶片内控制气孔运动。

剪叶和遮阴处理能明显降低受胁迫植株木质部汁液中的 ABA 浓度，韧皮部环割实验推算受旱植株木质部汁液中 25%~30%的 ABA 采自韧皮部的向下运输：这说明受旱植株木质部汁液 ABA 浓度的增加主要是由于根系合成能力增加、降解速率减慢和向地上部运输量增加。

虽然 ABA 作为根信号控制气孔运动的证据很有说服力，也得到了很多实验的支持，但也不能忽略一些事实，如植物种间木质部 ABA 浓度与气孔导度间关系差异很大；不同实验条件下，气孔导度与木质部 ABA 浓度间的关系并不一致；目前木质部 ABA 浓度与到达保卫细胞的 ABA 浓度的关系不明确；根系和叶片中均存在 ABA 的不同状况及 ABA 的分解及代谢，当它参与代谢时，流向保卫细胞的 ABA 与木质部中的 ABA 截然不同；木质部 ABA 浓度不仅取决于土壤的水分状况，而且与土壤的营养状况、土壤紧实度等因素有关，另外也与通过 SPAC 系统的水流通量有关，因为水流通量对根源 ABA 有稀释作用，而且在非常干旱的土壤上，根系对蒸腾流的贡献很小，向茎部的少量 ABA 供应也仅以根系水分倒流的方式来实现。干旱胁迫植株木质部汁液中的 ABA 浓度远远低于离体叶片上关闭气孔所需的外源 ABA 浓度，叶片内源 ABA 浓度在调控气孔开度方面也有重要作用。

二、ABA 并非唯一的根系信号

ABA 作为植物的内源激素，对环境变化非常敏感，逆境下常大量累积，并调控植物的气孔反应，因此假定它的逆境信号是合理的，而且也已有大量实验结里支持这一假定，但植物对一个产生于根部已运输到茎部的信号产生反应或许很慢，水分亏缺信息传递到地上茎叶部或许需要几周时间。部分实验结果表明，施用与土壤干旱诱导的体内等量的外源 ABA 于正常供水植株，叶片的气孔导度降低下 15%，仅为土壤干旱抑制的一半，非胁迫植株在用抽提出 ABA 的木质部汁液饲喂后气孔关闭，这说明木质部汁液中的其他物质或许与 ABA 有相同的作用，而韧皮部循环的中止和叶内 ABA 的区隔化分布或许也是一个信号，但事实上这种 ABA 的内部循环并没有中止，因此必须考虑额外可能的信号。如信号物质可能是 ABA 的一个复合体或者信号物质可能是一些生理活性物质的平衡。

青霉素、生长素和乙烯在干旱下的植物上可能起作用，研究结果证实干旱下 ABA 的增加减少了乙烯的产生。据此推测干旱下根系和木质部汁液中 CTK 含量降低，但 CTK 可能并不直接控制叶片气孔开度，CTK 和 ABA 之间平衡关系的改变或许调节了干旱下植物的气孔运动，乙烯或许也参与了这种调节。

此外，信号也有可能是某些因素的综合作用。研究发现，木质部 pH 值的增加降低了未受旱叶片的气孔开度（此时 ABA 浓度较低），而在 pH 值为 6.0 时相同的 ABA 浓度并未调控叶气孔开度，他们认为高 pH 下较低的 ABA 浓度调控气孔的原因在于 pH 改变了叶内 ABA 的再分配和代谢，同时改变了叶片水分状况和跨膜离子通量因而影响了保卫细胞膨压和对 ABA 浓度的敏感性（图 4-1）。

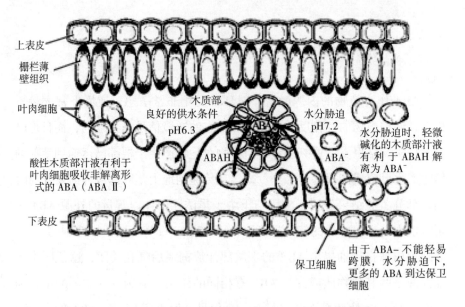

图4-1　水分胁迫时木质部汁液的碱化导致叶片中 ABA 的再分配

第五节　水分利用及其调控机制

一、气孔控制与 WUE

水分不足是干旱半干旱地区农业生产的主要限制因子，这种环境下的农业生产必须以水分的高效利用为中心，为此，除采取工程、农艺措施以减少农田水分的径流、蒸发、渗漏损失外，提高植物本身的 WUE 应是实现植物高效用水的中心和潜力所在。WUE 是指植物消耗单位水分所生产的同化物质的量，实质上反映了植物耗水与其干物质生产之间的关系。不管干旱下气孔运动控制的机制是化学的还是水力学的，二者均有减小干旱下气孔开度、减少植物水分损失的作用，因此半干旱地区农业生产上如何调控气孔以提高植物水分利用已引起了极大的关注。

二、亏缺灌溉

已知气孔对水分状况非常敏感，水分亏缺时，气孔收缩，开度减小，节约了水分，但同时也阻碍了 CO_2 进入，影响了光合作用，蒸腾减弱的同时还会使叶温升高，同样对光合作用不利。水分亏缺影响气孔开度，但由于光合和蒸腾对气孔开度的依赖不同，对植物 WUE 的影响随缺水程度的不同而异：轻度水分亏缺下，光合作用没有下降甚至高于充分供水处理，而由于蒸腾超前于光合下降使得 WUE 提高；在中度水分亏缺时，气孔开度明显下降，蒸腾降低幅度大于光合，此时 WUE 最高；在严重缺水时，由于叶水势低于光合降低的阈值，光合明显下降，WUE 也显著降低。在此基础上形成的亏缺灌溉技术已在生产实践中得到应用，即在植物生长发育的某些时期施加一定的水分胁迫，既可影响光合产物向不同器官的分配比例，改变植物的收获指数，而又通过气孔调节减少了植物的水分消耗，在植物产量不降低的同时达到提高水分利用的目的，这一技术的关键在于从植物的生理角度出发，根据其需水特性进行主动的亏缺处理。除了提高水分利用效率外，亏缺灌溉对植物品质的改善作用也非常明显。

控制性分根交替灌溉（CRAl）是根据光合作用、蒸腾时水与叶片气孔开度的关系以及根系对 WUE 的生理功能而提出的一种全新的节水调控思路。强调在土壤垂直剖面或水平面的某个区域保持干燥，而另一部分区域灌水湿润，交替控制部分根系干燥、部分根系湿润。这种灌水方法由于始终控制一部分根系处于干燥状态，使得植物的水分胁迫防御系统在所有时间都被触发，根源 ABA 信号能连续地供给植物地上部的叶片，以减小气孔开度来最优调节气孔状况，使植物在不牺牲光和产物积累的前提下避免奢侈的气孔开张和蒸腾耗水发生而达到节水的目的；同时该方法通过不同区域根系的交替干湿锻炼，提高了根系对水分和养分的利用；另外，该方法还可减少每次灌水的土壤湿润面积，减少蒸发损失，从而达到高效利用水分的目的。

在常规地面沟灌条件下，控制性分根交替灌溉的田间操作非常简单，即每条沟在两次灌水之间实行干湿交替，始终保持一部分根系生长在较干燥的土壤中。

三、高效用水的化学调控

植物化学调控技术应用已久，但从气孔控制角度针对耐旱节水或提高半干旱地区旱农生产的化学调控技术研究与应用则相对开展较晚。在我国，进行过较系统研究并得到一定应用的化学调控物质有黄腐酸等。黄腐酸的作用主要表现在既能在一定程度上关闭气孔、降低蒸腾，又能促进根系发育以增加根系的水分吸收两个方面，一定条件下耐旱增产效果明显。另外，黄腐酸资源丰富、制备方便、成本低廉、无毒性，因而作为耐旱辅助手段在我国北方旱区得到较大面积的推广应用。另外，利用 $CaCl_2$ 浸种以增强植物耐旱性的技术始于 20 世纪 50 年代的苏联。现已证明钙作为第二信使参与了 ABA 的调控气孔运动，而且在保护细胞质膜和叶绿体膜结构完整性以及抗脱水方面具有独特功能，加之近期 Ca^{2+} 作为胞内信使的研究不断深入，因此，钙对提高植物耐逆性机制与应用的研究备受关注。用 $CaCl_2$ 和赤霉素（GA）混合处理种子，两者在植物生理代谢上起到互补和叠加效应，使植物生理活性和耐旱性得到结合，消除了一定条件下 Ca^{2+} 对生长的抑制作用，与 $CaCl_2$ 或 GA 单独处理比较，多种生理功能得到提高，增强了植株对半干旱地区多变及低水环境的适应，最终获得增产。

植物生长调节剂如 ABA 作为化学信使在调控气孔开度方面有重要作用，但由于其人工合成成本昂贵，并未得到实际应用，但已有使用 NO 调控气孔以尝试提高水分利用的实验，这方面的研究值得关注。另外，目前研究使用的有机小分子物质如苯汞乙酸等关闭气孔型抗蒸腾剂，和多数高分子薄膜型抗蒸腾剂也尚未得到大面积应用。因此今后针对植物耐旱、节水化学制剂应用机制的研究可考虑：一方面，过去所研究和选择的重点多是抗蒸腾剂类，今后则应在深入阐明植物耐旱、节水机制的基础上，从多个途径选择化学制剂，包括减少蒸腾、增强吸收、提高耐力、促进诱导等；另一方面，在植物耐旱性机制不断被深入、细微阐明的基础上，有可能更有针对性地选择化学制剂，如在渗透调节中若干起重要作用的溶质被确定之后，在干旱逆境信号传导中一些胞间和胞内信使不断被发现之后，研究者可利用外施的方法干预气孔过程，从而达到提高植物耐旱性能和水分利用的目的。

第六节　内源激素 ABA 与耐旱

一、干旱胁迫下 ABA 在植物体内的分布与积累

水分亏缺时地上部分细胞内基因表达的改变可能受根部信号的诱导。植物冠部的生长发育与代谢功能受地下根系的调控，从而使叶片在气体代谢、茎干形态结构及细胞的生化成分上做出相应的反应，其中根部 ABA 作为一种内源激素，通过木质部的运输在根苗之间传递胁迫发展信息中可能起着中心作用。目前，一致的观点认为，受干旱胁迫的根系，其 ABA 来源可能作为一种正信号参与地上部分的生理活动（如气孔运动、叶片生长等快速过程）和基因的表达（慢速过程）。干旱胁迫条件下，ABA 的积累来源于束缚型 ABA 的释放和新 ABA 的大量合成，干旱胁迫初期，前者为 ABA 的主要来源，随着干旱时间延长，有大量新 ABA 的合成，尤其是植物萎蔫后，游离型 ABA 大幅度增加，而束缚型减少或变化不大。

水分胁迫诱导 ABA 积累的触发是指水分胁迫原初信号的识别、转导过程。钙离子螯合剂 EGTA 和钙通道激活剂 A23187 对水分胁迫诱导的 ABA 积累没有影响，细胞骨架抑制剂秋水仙碱和细胞松弛素 B 对 ABA 积累也没有影响，但一种不能穿越细胞质膜的蛋白质巯基试剂对氯汞苯磺酸（p-chioro-mercuriphenyl-sulfonic acid，PCMBS）可有效抑制水分胁迫诱导

的 ABA 积累。说明细胞质膜中的某种蛋白参与水分胁迫诱导的 ABA 积累的触发，蛋白细胞质膜外侧的功能区可能有巯基存在。

ABA 的增加与组织水势个降平行，当水势低于某临界值时，细胞 ABA 的合成受启动。这个临界值就是膨压值，因不同植物而异。压力室技术测定结果表明，当细胞处于零膨压时，促进 ABA 合成，与细胞水势无关，表明干旱诱导的 ABA 合成是由于膨压的降低所致。

ABA 积累的启动与组织重量的减少或细胞体积的改变有关，而与细胞水分相关参数（细胞内渗透势、水势和压力势）无关。但 ABA 积累的能力可受细胞内渗透势调节。0.8mol/L 的乙二醇不能诱导 ABA 的积累，说明 ABA 的积累与细胞内渗透势无关，而 PEG 诱导的 ABA 在叶组织重量和细胞内渗透势减少时有积累。由于 PEG 是不能渗透到细胞内的，因而细胞内渗透势的减少必定带来细胞体积的减少，从而导致组织失重，这说明 ABA 积累的触发与细胞体积的改变有关，而与水分参数无关。膨压为零时可能是细胞体积发生重大改变的水势临界值。渗透胁迫引起细胞体积的缩小可能是 ABA 合成的触发器，但细胞膜性质和功能的改变可能与细胞对渗透胁迫信号的感受有关。

ABA 在植物体的不同部位含量不同。从整株水平看，水分充足时根系比叶片往往含有更多的 ABA；从细胞水平看，细胞内 ABA 呈均匀分布，细胞溶质、核、叶绿体和细胞壁中都存在标记 ABA，而且标记量没有明显差异，但干旱胁迫导致 ABA 重新分布。ABA 在植物体的分布、积累与其合成、氧化、分解和运输等有关。

植物生长在不良的土壤条件下，其叶片和根系的生长受到抑制，但根系生长的受抑程度小于叶片，以致植物的根重和根冠比增加。有实验结果表明，干旱胁迫不但不抑制根系的生长，反而促进其生长，根系合成的 ABA 对干旱胁迫下的根系生长有促进作用，这与干旱胁迫下根系乙烯合成受抑有关。ABA 生物合成缺陷型突变体的研究结果证明，根系合成的 ABA 对维持土壤干旱条件下根系生长是必需的。

根合成 ABA 的量与根周围的水分状况密切相关。采用压力室技术、分根试验等研究结果表明，根系是植物对根系周围环境变化的原初感应器。在干旱胁迫条件下，若以环割处理切断植物地上部分通过韧皮部向根系输送 ABA 的通道，发现根中积累 ABA；离体的根尖在受渗透胁迫时也能合成 ABA。

根中 ABA 通过木质部蒸腾流输送到地上部分，调节气孔导度进而对水分利用效率和光合作用等产生一系列影响。木质部 ABA 与土壤水分状况一致，而且木质部 ABA 含量对土壤整体水分状况敏感。干旱时植物木质部 ABA 含量增加，不同植物增加的幅度不同。干旱初期，木质部中 ABA 来源于根系；干旱严重时，也有少量 ABA 来自叶片（ABA 可以通过韧皮部运输到根后，进入木质部，在植物体内再循环）。ABA 从根进入木质部可能是二者之间存在 pH 值梯度且干旱时木质部 pH 值变化增大导致此种梯度。研究发现干旱引起木质部汁液 pH 值增加后，使生长区周围的质外体积累大量的 ABA。

ABA 被称为内生抗蒸腾剂，通过调节气孔的运动而降低蒸腾失水，从而保持细胞一定的水分状况，以提高植物耐干旱的能力。土壤干旱初期，在叶片水分状况无任何变化之前，地上部对土壤干旱就有反应（叶片生长速率和气孔导度的变化），这种反应几乎与土壤的水分亏缺效应同时发生，因此这两个指标的变化是植物对水分胁迫最明显的表现，其中叶片生长速率比气孔反应敏感性更高。叶或根水分状况的微小改变会引起叶肉细胞 ABA 的快速释放。这一释放过程要求质外体碱化，使细胞壁的酸化受到抑制，也就抑制了叶片生长，所以干旱时叶片生长受抑比叶片气孔导度下降还早。ABA 也能通过抑制质膜到质外体的质子通道来减少细胞壁的可塑性，从而降低酸诱导的细胞壁松弛。干旱引起木质部 pH 值上升，会使细胞壁的延展活性下降，这些都是干旱时叶片生长受到抑制的原因。实验证明，与胁迫有关的 ABA 合成有 30~60min 的滞后期，但根源 ABA 随蒸腾流直接到达叶片表皮的作用部位以及叶肉细胞 ABA 向质外体快速释放保证了叶片在水分亏缺不明显的情况下，在 ABA 的最初作用部位——叶表皮及保卫细胞外侧很快增加 ABA，从而调控气孔的行为和叶片生长。

　　与根系相似，受渗透胁迫的叶片也能迅速积累大量的 ABA，叶片和根系对渗透胁迫的敏感性有明显差异。感受渗透胁迫后的叶片合成 ABA 的能力显著高于根系细胞，根系代谢 ABA 的能力仅为叶片的 20% 左右。在干旱胁迫下，ABA 在叶片内合成加快的同时，分解也在进行，所以持续的干旱将在叶片内形成稳定或缓慢地增加。

　　干旱情况下整株植物老叶、幼叶间的 ABA 会重新分布，即老叶向幼叶输入 ABA，这一点已得到放射性标记工作的证实。干旱时幼叶比老叶 ABA 含量提高，使幼叶气孔导度更低，丢失水分更少，水势也比老叶高。此外，老叶对 ABA 的敏感性低，所以在严重缺水时，老叶气孔关闭较晚，从而先丧失膨压而后萎蔫。老叶萎蔫一方面降低了蒸腾面积，另一方面也会合成更多的 ABA。这些 ABA 可以向幼嫩部分输入，也能通过韧皮部到达根部，再进入木质部，从而使气孔导度和叶片生长下降更快，因此干旱情况下老叶可以保护幼叶和芽。

二、耐旱过程中 ABA 的生理作用

　　ABA 参与植物对多种环境胁迫的响应，干旱会引起内源 ABA 水平增加，产生水分亏缺反应，从而充分利用水分，维持一定的生长速度，增加旱境存活机会。ABA 对植物的影响是多方面的，包括关闭气孔、调整保卫细胞离子通道、降低钙调素蛋白的转录水平和改变其亚细胞分布、诱导 ABA 反应基因改变相关基因的表达等。

（一）ABA 与干旱诱导叶片伸展率（LER）下降的关系

　　干旱导致 LER 明显下降，这是植物的适应性策略，叶面积减小可以降低水分丧失。

　　研究发现，给苜蓿饲喂 ABA 后，LER 下降同生长区内源 ABA 浓度密切相关且认为 ABA 通过增加细胞壁表观膨压阀值来抑制叶片生长，并不影响其他生长参数，而部分研究则认为植物通过减小细胞壁伸展和（或）细胞膨压降低 LER。

（二）ABA 与干旱时气孔开闭的关系

外施高浓度 ABA 或渗透胁迫均可使气孔阻力不同程度地提高，降低叶片蒸腾速率，相对含水量大幅下降；采用渗透胁迫和 ABA 复合处理的方式，不仅没有看到渗透胁迫的进一步加剧，反而减缓了渗透胁迫强度，叶片气孔阻力减弱，蒸腾强度和相对含水量有所增加。试验发现，ABA 主要通过增加气孔阻力，提高苜蓿植株叶片水势来维持或提高旱害玉米幼苗的光合；植物生长调节剂 6–BA 不利于改善旱害下苜蓿植株的水分状况，但可以提高叶绿素含量和 PEP 羧化酶活性，降低气孔阻力，以利于光合作用，二者作用机理不尽相同。外施 ABA 显著提高幼苗叶片的水势保持能力，轻度水分胁迫下外施 ABA 对水势的提高作用大于严重水分胁迫和正常供水，且对耐旱性强的品种的水势提高作用大于耐旱性弱的品种。在正常供水条件下，用 ABA 处理根系，对渗透势并无影响，但渗透胁迫下却具有明显的降低效应，且对耐旱性强的苜蓿品种的降低作用大于耐旱性弱的品种。

（三）外源 ABA 与干旱胁迫下植物的活性氧清除

ABA 能明显地阻止受旱苜蓿幼苗体内 SOD、POD 和 CAT 活性的减弱，有效地调节活性氧代谢的平衡，抑制受旱苜蓿幼苗叶片 MDA 增生，从而减轻苜蓿旱害。其作用和多效唑的作用相似，都可通过调节植株体内的保护酶活性，增强抵御活性氧毒害的能力，达到缓解旱害的目的。

（四）ABA 对脯氨酸合成和积累的促进作用

脯氨酸是一种良好的相溶性溶质，在植物水分生理、氮代谢、能量代谢及清除活性氧等方面起着重要作用。干旱条件下植物体内 ABA 的增加提高谷氨酰激酶底物（γ– 谷氨酰磷酸）合成活力，促进脯氨酸积累；ABA 还可以通过影响细胞内 H^+ 的分泌，改变细胞液内 pH 值，影响吡咯啉 –5– 羧酸还原酶（P5CR）的活性，进而促进脯氨酸的合成。干旱胁迫下脯氨酸合成过程中关键酶基因可以被两种不同的途径所诱导：一条为依赖 ABA 的途径为非依赖型（ABA, inde-pendence），其表达除受 ABA 的影响外，还受其他因子如干旱、低温等影响。此外，用外源 ABA 处理还可增加基因的转录水平。

（五）ABA 与诱旱基因表达调控的关系

作为耐旱诱导激发机制的一部分，ABA 抑制了与活跃生长有关的基因活化了与耐旱诱导相关的基因，从而增加植物的耐旱性。在干旱胁迫反应中存在依赖 ABA 的基因表达调控途径，也存在不依赖 ABA 的途径。

（六）ABA 与耐旱特异性蛋白质合成的关系

植物遭受水分胁迫几天之后就会诱导产生一类脱水素（dehydrin），它们属于 LEA 蛋白质，在结构上有一定保守性，这种保守性对于起到保护功能非常重要。在 N 端富含 Lys 序列中有 15 个保守氨基酸，形成 α-螺旋，起离子孔作用，可以增加离子浓度。研究认为脱水蛋白有去污和蛋白质伴侣的特性，缺水时与亲和溶液相互作用，维持高分子结构的稳定。ABA 和水分胁迫都可以通过不同的途径或诱导不同的脱水蛋白而影响植物的分子进程。

许多植物脱水蛋白的产生都有一定的组织特异性。虽然已经有人分析了特殊组织类型表达的脱水蛋白，但目前还不清楚不同组织表达的脱水蛋白对水分胁迫和 ABA 是否存在相同的反应。除环境因素外，发育时期对脱水蛋白的诱导也有调节作用。

（七）ABA 与干旱胁迫信号转导的关系

目前研究发现，ABA 是与干旱胁迫信号转导关系最为密切的一种植物激素。干旱胁迫下，植物体内至少有三条相对独立的信号转导途径，其中两条依赖 ABA，一条不依赖 ABA。干旱信号在保卫细胞的传导机制，至少有两条信号转导途径最终导致气孔关闭，一条是通过 ABA 的产物进行信号传输，另外一条是直接通过渗透胁迫进行的信号传导。作为干旱信号关键的一个化学信使，ABA 在气孔调节中处于中心位置。

干旱会导致 ABA 合成的增加以及 ABA 富集，而当胁迫减轻时，合成的 ABA 又会很快地被分解。许多与逆境相关的基因都为 ABA 所正调节。干旱胁迫下 ABA 水平的升高主要是由于编码 ABA 合成酶的基因被诱导表达。

第五章　苜蓿水分利用

第一节　生育期与水分需求

水分是苜蓿生长发育过程中不可缺少的重要条件之一。苜蓿是一种需水较多的中生豆科牧草。苜蓿地上部分每积累1g干物质约需要消耗400~800g水分。水分的盈亏直接或间接影响苜蓿的生理生化反应，进而影响其生长发育和产草量。

一、发芽和萌发

苜蓿种子发芽期需要适宜的水分供给量。水分供给量不同，苜蓿种子发芽率不同。试验表明，常温15~17℃，水分供给量为种子干重的25%~100%，种子发芽率不超过28%，且大多数需7~10d才发芽；将水分供给量增加到种子干重的125%~200%，4~7d发芽量急剧增加；水分供给量为种子干重的150%时，发芽率最高，为99.8%；水分供给量增加到种子干重的200%时，发芽率变幅不大，反而降低1.7%。可见，苜蓿种子发芽时水分的供给量应限制在种子干重的125%~150%，这时种子水解和合成过程的水分比例适当，能供给胚标准的营养物质，种子内的物质转换顺利进行，发芽率高，幼苗生长发育好。在适宜的水分条件下，苜蓿在4~8h内吸收完发芽所需要的全部水分。由于子叶中蛋白质含量高，而且种皮的细胞层可作为胶质海绵，种子在水中能够吸收超过它干重100%的水分。研究报道，当苜蓿遭受聚乙烯乙二醇诱导的渗透"干旱"时，渗透势下降到 −1MPa，发芽速度减慢。实验发现，无论是黏壤土还是砂壤土，当苜蓿的水势张力小于 –1MPa 时，苜蓿停止萌发。

苜蓿品种在氯化钠或甘露醇溶液中的发芽率，与各品种的抗旱力和抗寒力有关。已观察到溶质的渗透势为 –0.04~–0.09MPa 时，品种发芽率存在差异。然而这些发现在田间预测时不可信，原因是渗透过程中一些有害溶质会透过种皮。

在地表面或近地表面播种苜蓿种子，种子处于极端缺少水分状态。这时尽管土壤湿度适于种子发芽，但是发芽后期和幼苗早期生长阶段将会遭受水分胁迫，从而造成幼苗死亡。苜蓿种子必须吸收相当于种子干重 125%的水分才能发芽，种皮破裂前如果土壤含水量低于这一数值则种子发芽延迟。根发生以后，脱水作用使得种子生活力急剧下降。深厚的土壤，适当的密植，稍微增加播种深度以及覆土，能保证幼苗获得充足的水分供应，有利于幼苗的建立。

苗床准备好前，灌溉对促进种子发芽和发生极为有效，它可以湿润土壤剖面使之达到田间持水量。有时我们利用灌溉促使种子发芽和萌发，但同时也使得种子受到冲击，土壤结成板块。种子萌发以后停止灌溉以提高根的渗透力是无效的，因为水分胁迫会更多地抑制幼苗根部生长，而不是地上部的生长。

二、株冠的形成和生物产量

苗期是对水分较为敏感的时期。苜蓿从子叶出土到分枝形成需 38~47d，是苜蓿发育的初期，此时供给适宜的水分对生长发育具有十分重要的意义。1~5cm 土层的土壤含水量为田间持水量的 45%时，苜蓿生长发育不良，分枝形成需要 38d，根长 10.6cm，茎秆仅高 7.4cm，植株死亡率为 6.3%；而当土壤含水量为田间持水量的 80%时，分枝形成需要 47d，根长 6.1cm，茎秆高 11.4cm，植株死亡率仅为 2%，苜蓿生长发育良好。在这种水分条件下，苜蓿的根系长度与地上植株高度符合生长规律，营养和水分供给适宜，植株根深叶茂。水分亏缺时，由于幼苗根系不发达，无法吸收深层水分而萎蔫死亡；土壤水分盈余饱和时，幼苗根系浸泡于水，很快会烂根而死亡。因此，苗期水分供应要适量，把握"旱长根，水长苗，水多不扎根，根深能抗旱"的基本规律。

苜蓿苗期的耗水量仅占全生育期耗水量的 5.1%。从分枝期到现蕾期生长迅速，根系发达，吸水能力强，光合作用和蒸腾作用强，需水量较多，占总耗水量的 36.9%。

苜蓿地土壤含水量在田间持水量 70%~80% 的范围内时，植株生长发育较好，牧草产量高而稳定。

研究发现，将水势恢复到植物相对生长率的日平均水势水平，当水势（Ψ_w）<-1.0MPa 时生长缓慢，水分胁迫严重时（水势 Ψ_w 为 -2.5~-3.0MPa），叶损伤导致植物的负生长率。也有试验报道，水势 Ψ_w <-1.0MPa 时苜蓿的叶和茎几乎不生长。研究认为，由于白天温度较高，灌溉苜蓿在白天比夜间生长更快；然而遭受水分胁迫的苜蓿却不同，尽管夜晚温度较低，苜蓿茎叶在晚间生长更快，这是由于水势和膨压增加的缘故。另外，水分供应充足和水分胁迫的苜蓿，它们的节间伸长和叶增大程度相似；但受水分胁迫的苜蓿叶片和节间的增长率较低。

试验报道，壤土土壤的衬质势从 -0.1MPa 下降到 -0.4MPa 时，牧草产量直线下降；黏壤土 25~50cm 深处衬质势下降到 -0.25MPa 时，苜蓿株冠生长率下降 60%~70%。然而，由于土壤类型不同，即使衬质势相同，土壤的含水量和传导性也不同，所以我们只能确定某一土壤类型的土壤含水量与苜蓿产草量之间的关系。

苜蓿受到水分胁迫时，分枝数少，茎秆细，节间数少，节间长度短，叶片小。单一的干旱胁迫下，植株上部节间长度的缩短更严重，基部节间稍轻。研究报道，单一干旱胁迫下，刈割后经过 2 周的水分胁迫，部分苜蓿的小叶缩小，节间变短；但是叶片、节间数和枝条的密度都未发生变化。实验得出，水分胁迫对非抗寒品种的节间数和节间长度的影响较抗寒品种大。适度的土壤含水量使叶面积和叶产量升高，使饲草茎产量下降，最终使叶的比例更高。衬质势为 -0.02MPa 时，苜蓿叶产量占地上干物质的 48%；而衬质势为 $-2.0\mathrm{MPa}$ 时，苜蓿叶产量占地上干物质的 62%。严重的水分胁迫下，叶量的损失较大，茎叶比提高。

干旱胁迫解除后，苜蓿能快速恢复。研究报道，对干旱胁迫的苜蓿进行灌溉后，牧草的质量和枝条数与未受胁迫的植株没有明显差异。实验发现，不灌溉且受水分胁迫的苜蓿，在经过一次刈割和降雨后，秋季再生能力比灌溉苜蓿的好。当水势（$\varPsi_w$）低到能使气孔开始关闭、限制 CO_2 交换率时，苜蓿产草量下降，已固定的碳转移到根和根颈中。据报道，与不受胁迫的条件相比，水分胁迫（$\varPsi_w < -1.5\mathrm{MPa}$）使苜蓿向根部运输的放射性 CO_2 增加了 51%，根部的淀粉含量也更高。也有试验表明，水分胁迫条件下的苜蓿根部碳水化合物含量比水分充足条件下的更高。

土壤水分亏缺时苜蓿叶量增加，这一特征与苜蓿草产品质量的改善有一定联系。已有报道指出，水分胁迫下生长的苜蓿草的可消化性提高，但是也有研究曾报道，直到水势（$\varPsi_w$）下降到 $-2.7\mathrm{MPa}$ 以下时，苜蓿的可消化性才得以提高，并且可消化性的提高与茎、叶中的结构性组分（如木质素和粗纤维的含量）。

三、种子生产

对苜蓿种子生产来说，开花结荚期水分供应十分重要，水分亏缺或水分太多都会影响种子产量。始花期到结荚期，土壤含水量应保持在田间持水量的 50%~60%，此期间的耗水量仅次于分枝期到现蕾期，水分过多或过少，开花不正常，严重影响种子结实率。

苜蓿的生殖生长阶段比营养生长阶段需水量少，因而人们建议开花期供给充足的水分以促进植物生长，而种子发育阶段则要限制水分供应，以防止过度的营养生长。这种管理限制了营养体再生，也避免了由于营养体再生而使收获的种子不成熟。与之相比，研究也曾报道，草产量与种子产量的相关性较高（$r^2 = 0.81$），而且适当的水分胁迫（水势 $\varPsi_w$ 为 -1.0~$-1.2\mathrm{MPa}$）也不利于苜蓿种子生产。适当的水分胁迫使得植物开花期提前好几天，但未经胁迫的植物有更多的总状花序和小花，种子产量也更高。据此推断，如果蜜蜂的授粉率低，种子形成的持续过程将延长，花期以后新的营养体的生长将为种子生产提供更多的位点。在以色列和加拿大，开花期适当的灌溉增加种子产量，而水分胁迫使产量下降。植物的水分状况对花的授粉以及授粉活力没有影响，当然如果水分胁迫过重则授粉无法顺利进行。根据已有试验结果，苜蓿不同生育阶段的耗水量如表5-1所示。

表5-1　苜蓿不同生育阶段耗水量（陈凤林等，1982）

生育阶段	天数（d）	耗水量（m^3/hm^2）	占全生育期比例（%）
播种—出苗	9	303	5.1
出苗—分枝	16	405	6.9
分枝—现蕾	33	2 163	36.9
现蕾—开花	14	1 098	18.9
开花—结荚	28	1 885.5	32.2
全生育期	100	5 854.5	100.0

第二节　苜蓿涝害与水分需求实例

一、水分过多产生涝害

无论是灌溉还是降雨，过多的水分供应对苜蓿根和地上部的生长，以及苜蓿田的持续利用都是有害的。研究报道，苜蓿在土壤温度16℃时能够耐受14d的水涝，土壤温度21℃时能够耐受10d的水涝，27℃时能够耐受7~8d的水涝，32℃时能够耐受6d的水涝。在美国的西南部和西部，土壤含水量接近饱和，加之温度过高，苜蓿发生"烫伤"，3~4d内死亡。刈割以后，土壤含水量过高会立即造成苜蓿的严重伤害。

水涝引起苜蓿植株的木质部坏死，叶片从茎秆底部开始死亡；土壤含水量饱和对苜蓿最初的影响是根部缺氧，以及根部产生乙醇和其他有毒物质，进而导致根腐病的发生。土壤含水量过高使得根腐病孢子产生并释放出游动孢子，或者使苜蓿根部释放出乙醇，而乙醇能吸引游动孢子。

水分过多会导致根颈腐烂，所以适宜在干燥、排水良好的土壤上生长，否则易受涝害导致苜蓿产量下降。品比试验表明，在降水量为668mm 的地区灌水导致大多数品种产量下降。试验证明，苜蓿在 16℃下涝害 8d，地上生长率降低 50%，苜蓿的涝害随温度的升高而加强，且涝害对苜蓿生长的影响大，在 32℃涝害 6d 处理后苜蓿在排水 3 周后净生长率仍为 0。

苜蓿的生长发育需要充足的水分，但水量过多，长期浸泡，会导致死亡。研究指出，不同苜蓿品种的耐涝性存在着一定的差异，经过耐涝性处理，1 个月后测定 5 种苜蓿的存活率为：公农 1 号 42.86%，公农 2 号 29.17%，蔚县苜蓿 20.8%，武功苜蓿 17.39%，新疆大叶苜蓿 12.50%。

因此，土壤水分过多对苜蓿造成的危害并不比干旱小，尤其在幼苗期，受涝严重会使幼苗全部死亡。苜蓿地持续被水淹 3d，部分植株就会死亡。水分过多则降低土壤的通气度，造成根系浅和根颈小，也可能引起幼苗死亡或因猝倒病而受伤。在我国南方高温、高湿的条件下，往往因为水分过多而使苜蓿生长发育不良或减产。

土壤和植株的水分状况还会影响苜蓿的秋眠反应和越冬。过少和过多的水分会使苜蓿的抗寒力下降。土壤含水量过高或解除水分锻炼和苜蓿的越冬力下降也有一定关系。研究报道，在 25% 田间持水量下受干旱胁迫的苜蓿，与在田间持水量下水分供应充足的苜蓿相比，抗寒力提高 3.7℃。实验发现，抗寒驯化过程中受到水分胁迫的苜蓿，与不受胁迫的苜蓿相比，含水量少，水势低。

二、苜蓿水分需求实例

不同苜蓿品种或生态型，其蒸腾强度各异，对水分的需求亦有所差异。试验结果得出：肇东苜蓿、蔚县苜蓿、公农 1 号苜蓿、佳木斯苜蓿的蒸腾强度为 16.69g/（m^2·h）、9.03g/（m^2·h）、7.52g/（m^2·h）和 2.41g/（m^2·h）。研究发现中苜 1 号、青睐、敖汉、保丰、首领、WL323 等 6 个苜蓿品种的蒸腾量、蒸腾效率、干草产量不同，品种间差异极显著。但耗水规律、蒸腾规律是一致的，即苜蓿在分枝后进入旺盛生长时期，分枝至初花期是耗水量和耗水强度最大的时期，满足这个时期对水分的需求是夺取苜蓿高产、稳产的关键措施。

同一苜蓿生态型或品种的不同生长发育阶段，对水分的需求也不相同。在内蒙古锡林浩特的试验表明：当地苜蓿干草产量为 5 625kg/hm^2，需水量 5 845.5m^3/hm^2。其中分枝期到现蕾期需水量最多，占总量的 36.9%，其次是开花结荚期。日需水高峰在现蕾期至开花期，日耗水量为 81.9kg/hm^2，折合降水 8.2mm。

在沧州的试验结果表明，苜蓿刈割茬次不同，其需水量也不同。其中以播种当年第一茬的耗水量最大，二茬次之，第三茬最低（表 5-2）。

表 5-2　苜蓿春播当年的耗水量及水分利用效率（李桂荣，2003）

品种	茬次	天数（d）	耗水量（mm）	耗水强度（mm/d）	产草量（kg/hm^2）	耗水系数	水分利用率（kg/hm^2·mm）
保定苜蓿	一茬	81	288.6	3.56	2890	999	10.0
	二茬	36	178.9	4.97	2970	602	16.6
	三茬	54	90.0	1.67	910	989	10.1
WL323苜蓿	一茬	81	298.6	3.66	3010	986	10.1
	二茬	36	215	5.97	3360	640	16.7
	三茬	54	93.2	1.73	1050	888	10.7

不同气候区域和年份紫花苜蓿的需水量不同，增加刈割次数可降低需水量。紫花苜蓿全生长季需水量约为 400~2 250m^3/hm^2。北京平原地区 2004 年中苜 1 号和 WL323 紫花苜蓿建植当年的全生长季需水量分别为 909.2m^3/hm^2 和 928.0m^3/hm^2，两个品种之间差异不显著，但同一品种不同茬次之间差异显著。河北省坝上地区 2007 年阿尔冈金紫花苜蓿生长期

需水量为 $712.8\,m^3/hm^2$，茬次间差异显著。

在土壤含水量充足的条件下苜蓿叶片的光合作用较强，当水分不足时，苜蓿分枝减少，株高降低，叶面积减小，光合速率明显下降；同时叶片中脱落酸含量增加，引起叶片的衰老和脱落，最终导致减产。加强水分管理对苜蓿的茎叶生长尤为重要。在减少灌水或不灌水的情况下，茎叶萎蔫，气孔关闭，增加了 CO_2 进入叶肉细胞的阻力，叶绿体的结构和功能受到损伤，光合酶的活性降低，光合速率降低。研究曾报道在水分胁迫下，苜蓿叶水势从 $-1.5\,MPa$ 降到 $-2.5\,MPa$ 时，小叶萎蔫，从 $-2\,MPa$ 降到 $-4\,MPa$ 时，叶柄萎蔫，如果连续超过 $3\sim4\,d$，下午的叶水势小于 $-4\,MPa$ 时，叶将趋于死亡。试验发现在水分胁迫下，苜蓿叶片中脱落酸含量明显增加。

第三节　产量与水分关系

一、水分关系的研究与应用

（一）水分关系研究现状

植物产量首先取决于自身遗传特性，其次是周围的生态环境，如土壤、气候、耕作、肥力和水分状况等。其中水是影响植物产量的主要因素，研究产量与植物需水量关系是评价地区水资源生产潜力和合理利用水资源的基本依据。在植物产量与水分函数关系的研究中，大约经历了 3 个阶段。第一阶段：20 世纪 30—50 年代，美国犹他州曾总结了 1928 年的小麦试验成果，提出了抛物线形的生产函数关系；第二阶段：20 世纪 50—70 年代，属于国际开发委员会的 4 所大学从已积累的大量资料提出以实际蒸散量作为作物特征量的观点，后有人提出并证实，全生育期蒸散量与总产量之间相关关系明显；第三阶段：1974—1975 年，由 4 所大学证实并进一步扩展到不论是有限灌水（Limited irrigation）还是由于含盐水平不同引起根区水分吸力作用不同，都可用相同的蒸散量与产量关系模型来表示，这也就逐渐发展到了现在的节水农业领域。

在植物整个生长发育全过程中，一直保持充分供水，虽然产量最高，但耗水量也最多，水分利用率最低，不是科学的供水方法。尤其在干旱半干旱地区，由于水资源的匮乏或者灌水成本的增加，人们势必注重以最低的灌水定额，获得最高的灌水生产效率。在植物非水分敏感期进行适度水分亏缺，将有限的水分选择在对产量影响较大的生育时期进行灌溉，这样可以实现在产量和生物量等方面接近或超出一直充分供水的水平，从而达到高产与节水的双重目标，即为理想的供水方式，目前越来越多的试验研究也证实了这一观点。

（二）水分生态

水分是干旱地区最为关键的生态因子，灌区植被的组成和结构与水分密切相关，同时在各种尺度上对水分产生重要的反馈作用。从生态植被意义上讲，人工牧草、农作物有一年生和多年生之别，植物学性状不同，生态生产力特征不同。苜蓿为多年生优质牧草，生态节水和经济价值非常优越。从植物学角度讲，苜蓿为多年生豆科宿根草本植物，喜冷凉耐酷暑，更耐干旱，根系庞大，吸水力强。在日照充足、温差大的内陆性气候，地力瘠薄和土壤侵蚀严重的盐碱化土地种植，它的生态适应性和生产性能远非其他饲料作物可以比拟。有研究测试表明，仅苜蓿的蛋白质单位面积产出量，就显著高于同类农田粮食作物经济学产量。由于苜蓿生产投入少，生态生产力回报率高过其他作物数倍，因此苜蓿可谓是风蚀水蚀发生程度较重地区生态效益与经济效益兼收并蓄的高产高效饲用作物。过去的研究还发现，苜蓿的耗水系数远低于其他所有栽培作物。因此，苜蓿水分生产效率又远高于其他所有作物，苜蓿可以高效利用全年降水，任何降水年份，苜蓿阶段需水与降水季节分配的吻合程度都明显高于其他一年生作物。加之，苜蓿收获体为营养组织的绿色体，而不是对水分敏感的生殖组织的籽粒，从而使苜蓿成为高度耐旱的栽培作物。

（三）水分－产量关系

包括苜蓿在内的各种牧草的产量首先取决于自身遗传因素，其次是周围的生态环境，如土壤、气候、耕作、肥力、水分、盐分和土壤热状况等。其中水分是产量的主要影响因素，研究产量与牧草需水量关系是评价干旱半干旱地区水资源生产潜力和有效利用有限水资源的基本依据。

根据现有理论，在试验基础上建立的植物产量与耗水量的经验关系模式可以分为两大类：一是建立植物产量与各生育期的水量关系；二是建立总产量与生育期总耗水量的关系，这些研究成果成为指导灌溉实践的重要理论依据。在深入认识植物产量与耗水量关系的基础上，根据植物不同时期对水分敏感特性的不同来合理安排不同生育时期的水分供应，或造成一定程度的水分亏缺，研究植物对水分的响应关系将是现在和今后相当长的一段时期内人们研究的重点课题。

二、苜蓿耗水量

耗水量是在植物生产过程中植物蒸腾、土壤蒸发、植物表面蒸发及构建植物体（有机质的合成原料，细胞液和胞间液的组分等）消耗的水分数量之和，也称为蒸腾蒸发量、腾发量、蒸散量，其常用单位为 mm、m^3、t 等。作为耗水量的一个特例，需水量是在健康无病、养分充足、土壤水分状况最佳、大面积栽培条件下，植物经过正常生长发育，在给定的生长环境下获得高产情形下的耗水量（孙洪仁等，2005b）。耗水强度是单位面积的植物群体在单位时间内的耗水量，也称为蒸散强度，常用单位为 mm/d 或 $m^3/(d \cdot hm^2)$。作为耗水强度的一个特例，需水强度是单位面积的植物群体在单位时间内的需水量，常用单位亦为 mm/d 或 $m^3/(d \cdot hm^2)$。耗水系数是植物耗水量与生物产量（干物质）或经济产量（植物可收获的、具有经济价值并作为主要生产目标部分的产量）之比值，其中耗水量、生物产量、经济产量的单位为同级质量单位。

不同气候区域和年份紫花苜蓿的需水量和耗水量不同，增加刈割次数可降低需水量，在一定范围内耗水量随着灌溉量的增加而提高，不同灌溉模式耗水量不同。紫花苜蓿全生长季需水量和耗水量的范围分别为 400~2 250mm 和 300~2 250mm。不同气候区域、气候年份、刈割次数及生长发育阶段紫花苜蓿的需水强度和耗水强度不同；需水强度与大气蒸发力成正相关，耗水强度与土壤含水量成正相关；增加刈割次数可降低需水强度；在一定范围内耗水强度随着灌溉量的增加而提高，不同灌溉模式耗水强度不同。紫花苜蓿全生长季需水强度和耗水强度的范围分别为 3~7mm/d 和 2~7mm/d；短期极端最高需水强度为 14mm/d。影响紫花苜蓿耗水系数的因子包括气候、灌溉、施肥、刈割次数、生长年限。不同气候区域、气候年份、灌溉量、灌溉模式、施肥量、施肥模式及刈割次数的耗水系数也有所不同；建植 2 年及以上苜蓿田的耗水系数小于建植当年的耗水系数；不同品种差异不显著。在相对正常的田间栽培管理条件下，建植当年紫花苜蓿花前生物产量耗水系数和花前经济产量耗水系数的范围分别为 800~1 200 和 700~1 050，建植 2 年及以上者分别为 400~800 和 350~700；紫花苜蓿全生育期生物产量耗水系数的范围为 700~1 400。

北京平原区 2004 年中苜 1 号和 WL323 紫花苜蓿建植当年的全生长季需水量（图 5-1）分别为 909.2mm 和 928.0mm，全生长季需水强度分别

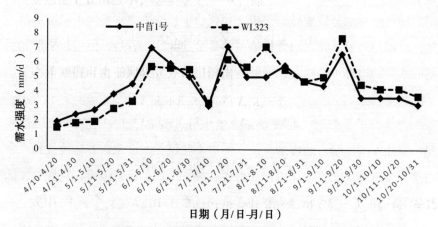

图 5-1　北京平原区 2004 年不同品种紫花苜蓿建植当年的需水强度动态
（孙洪仁等，2006）

为 4.4mm/d 和 4.5mm/d，生物产量耗水系数分别为 915.0 和 939.7，经济产量耗水系数分别为 786.9 和 808.1，两个品种之间差异不显著，但同一品种不同刈割次数之间差异显著。

河北省坝上地区 2007 年阿尔冈金紫花苜蓿生长期需水量为 712.8mm，需水强度为 5.9mm/d，生物产量耗水系数为 960~1 023，经济产量耗水系数为 826~880，不同茬次间差异显著。

三、水分供应与苜蓿生产

苜蓿是一种高产优质的牧草，在刈割 3 次时最高产量可达 14 500~20 600kg/hm²。

在亚热带地区的研究证明，苜蓿产量与蒸腾量的相关性较高，苜蓿产量与水分供应量呈线性关系，而在干旱半干旱地区充分灌溉可提高苜蓿的产量，苜蓿的产量与蒸腾量和灌水量成显著相关。

不同灌溉时期对各茬草的产量有较大影响。研究表明，第一茬返青 6d 和分枝期都灌水的产量最高，而分枝期灌水的产量显著高于不灌水的和分蘖期灌水的。说明分枝期的水分状况对产量的影响大；第二茬苜蓿生长季中，刈割后再生初期灌水对产量的影响大于分枝期灌水，说明苜蓿刈割后的再生对水分较敏感；而第三茬苜蓿生长季中灌水不但不能增加草产量，反而使产量下降。水分胁迫可使苜蓿的叶茎比升高，但生长早期和后期的水分胁迫都可使叶茎比降低，而在苜蓿生长早期的水分胁迫下叶茎比下降幅度较大。

苜蓿种子生产时，需要调节土壤水分，使之产生一定的水分胁迫状况，植株保持连续、缓慢的生长，促进小花结荚，避免营养体徒长和严重的水分胁迫情况的发生，可以获得最高种子产量。研究报道，空气湿度低和中等程度的土壤水分胁迫有利于紫花苜蓿种子生产。

灌溉次数、灌溉时间、灌溉量以及土壤质地、土层深度都影响土壤的水分状况，进而影响种子产量。另外，土壤水分状况对种子产量的影响还与植株密度有关，与密度低的种子田相比，灌溉量过高对密度大的种子田的影响更大。

在美国加利福尼亚州的 San Joaquin 谷地的试验表明，土层厚度 ≥ 3.6m 的紫花苜蓿种子田，每个生长季耗水 1 100~1 200mm。生长季和生长季开始前的灌溉量各占一半时，种子田产量最高，前 3 年平均种子产量为 1 547.0kg/hm^2。试验还提出，生长季灌溉最好在营养生长期的适合阶段进行，这样可以避免灌溉次数过多或灌溉时间间隔过长影响植株生长，造成减产。在以色列滨海平原地区的黏壤土、土壤容重为 1.45g/cm^3、土层厚度在 1.8m 以上的条件下进行的试验表明，第一茬牧草刈割后留茬用于种子生产，刈割后 23d 灌溉 1 次的种子产量最高，为 527kg/hm^2；刈割后 10d 灌溉 1 次或刈割后 10d、23d 共 2 次灌溉处理种子产量分别为 448kg/hm^2 和 450kg/hm^2，灌溉 1 次并推迟灌溉时间可以显著提高种子产量。

过去认为，只有土层深厚的土壤才能获得紫花苜蓿种子高产，但实际上只要合理灌溉，浅层土的种子田同样可以获得高产。研究得出，在浅层土壤条件下，每 2 周喷灌 1 次，返青到种子收获灌水量为 257mm，种子产量最高，两年平均产量为 775kg/hm^2；而每周、每 3 周、每 4 周喷灌 1 次，灌水量为 500mm、168mm 和 91mm，种子产量降低为 680kg/hm^2、610kg/hm^2 和 510kg/hm^2。在加利福尼亚州 Imperial 谷地土层浅（≤ 45cm）的种子田进行的试验表明，采用滴灌方式，营养生长期保持高频率灌溉，土壤水势保持在 −0.01MPa，开花后减少灌溉，使土壤水势保持在 −0.05MPa，种子产量最高，达 1 420.3kg/hm^2；而开花后仍保持土壤水势过高（−0.01MPa）或过低（−0.1MPa 和 −0.2MPa），都使种子产量降低，分别为 804.9kg/hm^2、975.3kg/hm^2 和 322.8kg/hm^2。浅层土无法贮存充足的水分，同时紫花苜蓿根系可利用水分的土层范围有限，必须定期反复灌溉，但每个生长季总耗水量与深层土壤相近。

在甘肃河西走廊的研究表明，土层厚度 2m 以上、土壤质地为壤土—粉砂壤土的紫花苜蓿种子田，在充分冬灌的基础上，秋播后种子生产第一年，返青到种子收获不灌溉可以有效地抑制紫花苜蓿地上部分的营养生长，开花期和种子成熟期会提前。与灌溉 1 次或 2 次处理相比，不灌溉处理的植株高度较低，没有倒伏现象发生，有利于昆虫授粉，结荚率提高，种子产量高达 1 083 kg/hm^2；种子产量随着灌溉次数的增加而降低，灌溉 2 次者产量最低，仅为 625 kg/hm^2，较不灌溉者低 40% 以上。

第四节　水分利用效率（WUE）

一、水分利用效率（WUE）的含义

根据当前国内外的研究发展情况，WUE 包括两个方面的内涵：瞬时 WUE，即为叶片蒸腾单位重量的水分所同化 CO_2 的重量；长期 WUE，即为植株在某段时期生长过程中消耗每单位水分所生产的干物质生物量。

水分利用效率（WUE）还包括四个层次的研究尺度。

（一）叶片水平上的 WUE（leaf water use efficiency，WUE₁）（μmol CO₂/mmolH₂O）

水分的生理利用效率或蒸腾效率，定义为单位水量通过叶片蒸腾散失时光合作用所形成的有机物量，它实际上是光合速率与蒸腾速率的比值，可用于阐述物种间水分利用效率差异的内在机制，研究不同品种植物的水分利用，实现节水品种的选育，可表示为

$$WUE_1 = \frac{P_n}{T_r}$$

式中，P_n 为叶片净光合作用速率 $[\mu mol\ CO_2/(s \cdot m^2)]$；$T_r$ 为叶片蒸腾速率 $[mmolH_2O/(s \cdot m^2)]$。

（二）群体水平上的 WUE（community water use efficiency，WUEc）（gCO$_2$/kgH$_2$O）

群体 CO$_2$ 净同化量与蒸腾量之比，也可定义为群体 CO$_2$ 通量和植物蒸腾的水汽通量之比，可表示为

$$WUEc = \frac{F_c}{T}$$

式中，F$_c$ 为植物群体 CO$_2$ 通量 [gCO$_2$/（s·m^2）]；T 为植物蒸腾的水汽通量 [kg H$_2$O/（s·m^2）]。

（三）田间或区域范围的 WUE（yield water use efficiency，WUE$_y$，）（kg/mmH$_2$O）

产量水平上的植物 WUE，定义为单位耗水量的植物产量，可表示为

$$WUEy= \frac{Y}{WU}$$

式中，Y 为产量，可表示为总生物量（biomass yield，Y$_b$）（kg）或经济产量（economic yield，Y$_e$）（kg）；WU 为用水量（water use）（mm）。

另外，对用水而言，植物的水分利用效率可分为三种：一是根据植物耗水量即蒸散量（evapo-transpiration，ET）而来的普遍所指的水分利用效率，也称蒸散效率；二是根据灌溉水量（irrigation，I）而来的灌溉水利用效率（irrigation water use efficiency，IWUE），它对确定最佳灌溉定额必不可少，在节水灌溉中意义重大；三是根据天然降水（precipitation water use efficiency,PWUE），它是旱地节水农业中的重要指标。

（四）细胞与分子水平上的植物 WUE

分析植物种间或品种间 WUE 差异机制的生物学基础，目前处于初始研究阶段。

二、WUE 种间与品种间的差异

早在 20 世纪初，试验就发现，6 种 C$_3$ 植物进行 4 年的盆栽试验中，

不同植物的 WUE 有明显差别，其中小麦的 WUE 最高，达到 1.97g/kg
H_2O，苜蓿的最低，为 1.16g/kgH_2O，其余介于二者之间，最高和最低之
间相差 70%。他们认为低的需水量一定与植物耐旱性有关，但当时并没
有合理的解释。后来的相关研究进一步表明，植物种间 WUE 相差可达
30%～100%，并且是一个可遗传的性状。后来研究认为，由于植物本身
的特性，包括形态、解剖结构、CO_2 同化方式及气孔行为等存在种间差
异，导致不同物种在水分消耗、产量形成等方面存在差异并最终导致了种
间 WUE 的不同。

WUE 在品种间是否存在差异一直是一个有争议的问题。系统研究发
现：无论是在叶片还是群体水平上，在各种水分条件下野生种和其栽培种
相比均有较高的 WUE。野生种的光合速率、气孔导度和细胞间隙 CO_2 浓
度均小于栽培种，低的气孔导度与较低的气孔频率、较小的气孔开度和气
孔在叶片正、反两面的平均分布有关；较小的叶片细胞和组织类型（表
皮、叶肉细胞、海绵体和导管组织）使得野生种有相对大的叶内空间和较
厚的叶片，从而增加了野生种暴露在空气中的叶内表面积与内部叶面积的
比率，减少了其内部 CO_2 同化的阻力，但较低的叶绿素含量和 RUBP 羧
化酶活性又降低了其叶肉光合能力，因而野生种有较低的光合速率。可见
野生种较高的 WUE 并非由单纯的气孔因子所引起，由叶片解剖结构所引
起的非气孔因子也是其原因。

三、WUE 的影响因子

WUE 为多基因控制的性状，且层次较为复杂，影响要素众多，包括
遗传、大气、土壤等诸多方面，因此在 SPAC 系统中凡是影响水分传输、
产量形成、水分蒸腾蒸散等的植物因素和环境因素都将最终影响到 WUE。

植物单叶 WUE 是其光合速率与蒸腾速率之比，因而凡是影响光合和
蒸腾作用的生物和环境因子都将对单叶 WUE 产生影响。由于气孔行为是
影响单叶 WUE 的重要因子，因此种间 WUE 的差异主要是由于其气孔行

为的差异所造成的，气孔阻力的增加会提高叶片水平上的 WUE。实验发现，叶片大小与其光合速率有关，小叶由于其叶肉细胞较小导致其 CO_2 导度增加和光合结构相对集中，因而有较高的光合速率和单叶 WUE。

除植物因子外，环境因子对植物 WUE 也有显著影响。温度对单叶 WUE 的影响是由于它对光合和蒸腾的影响不同所致，蒸腾随温度呈指数曲线上升，没有上限，而光合速率随温度上升则有限度，当温度接近最适点时，光合速率先是上升减缓，以后变平甚至下降，但蒸腾仍然上升，使得单叶 WUE 下降。光照是影响植物单叶 WUE 的另一个重要因子。光照是光合和蒸腾的驱动力，但对二者的影响不同，光照对光合的影响是瞬间的，而对蒸腾的影响则可以在时间和空间上进行累积，这是造成湿润区域的植物单叶 WUE 低于半干旱区域内同种植物单叶 WUE 的主要原因；植物的光合作用只在一定辐射范围内进行，而所有辐射对增温、增强蒸腾皆有作用；光合作用有一个光饱和点问题，而辐射引起的温度上升导致蒸腾的增加却没有光饱和现象。

大气湿度也明显影响植物的 WUE，但由于湿度只影响蒸腾而对光合无显著影响，故与温度的影响不同。随着大气湿度的增加，单叶 WUE 增加，且单叶 WUE 随大气湿度呈指数曲线上升。研究认为空气湿度和土壤水分的减少影响了气孔导度与光合作用从而进一步影响了作物水分利用效率，同时，降低大气湿度还会引起保卫细胞的薄壁部分失水加快，但失水速率又受到保卫细胞的限制，使得气孔导度变化呈反馈式的间接反应。研究发现，叶气水蒸汽气压差与水分利用效率呈线性关系。

大气 CO_2 浓度也是影响单叶 WUE 的重要因子，大气 CO_2 浓度的增加由于明显提高了光合作用而对蒸腾的影响相对较小，因而明显提高了植物的单叶 WUE，且 CO_2 浓度越高，植物 WUE 越高。不同大气环境下，影响植物 WUE 的因子不同，对此应作具体分析。

除了大气因子外，土壤因子对植物 WUE 也有明显影响，土壤水分亏缺降低了植物的气孔导度，并减小了植物的光合和蒸腾，但由于光合对气孔开度的依赖小于蒸腾对气孔开度的依赖，因而明显提高了单叶 WUE。

营养缺乏与否是影响植物 WUE 的另一个重要土壤因子，营养缺乏条件下施肥可明显提高植物 WUE，且合理的氮、磷、钾营养均可在一定程度上改善植物的水分关系，提高单叶及群体 WUE，但不同营养元素的作用似乎并不相同，对其机制尚需作进一步研究。另外，根系与土壤中某些真菌共生对植物 WUE 也有影响，但其研究结论并不一致，可能与研究时的土壤水分条件和不同植物和真菌种类组合的不同有关。

由于大气环境的不可调控性（除大气湿度可通过喷微灌等措施调控外），近年来通过环境因子改善植物 WUE 研究主要着眼于土壤环境方面，虽然已取得了较大进展，但对其作用机制和多个因子综合作用的机制尚不完全清楚，需进一步深入研究。

四、WUE 的测定方法

单叶 WUE 的测定，通常以叶片光合速率与蒸腾速率（或气孔导度）之比来表示，是一种传统的测定植物 WLE 的方法。此方法的优点在于操作简单，而且研究成本较低，但由于其测定的瞬时性不易与植物的最终生产力联系起来，因而通常仅用来说明植物的性能和对环境因子的反应，国外近年来在 WUE 的研究中，对此方法的使用频率有所降低。在盆栽条件下，植物个体和群体蒸腾效率常用一段时间内地上部干物重与同期蒸腾失水之比来表示。田间条件下由于很难测定或抑制土壤蒸发，因而常用一段时间内地上部生物量与同期耗水量（蒸腾蒸发量）之比来表示，从理论上讲，它是测定水分有效性对干物质生产影响最准确的方法。但后两种方法费工费时，因而，需要一个更为简捷的测定方法以用于 WUE 研究。碳同位素分辨率技术的出现，给 WUE 的相关研究带来了方法上的革新。

稳定性碳同位素技术是近 20 多年来国际上 WUE 相关研究中最为常用的测定方法。自然条件下有两种稳定性碳同位素，其中 ^{12}C 占 98.89%，^{13}C 占 1.11%。空气 CO_2 中 ^{13}C 与 ^{12}C 的含量比（$^{13}C/^{12}C$）与公认的标准化石样品 PDB（Pee Dee Belemnite）中 $^{13}C/^{12}C$ 的偏差值 δ ^{13}C 为 −7.7‰。

早已发现植物对较重的碳同位素 ^{13}C 的利用要比对 ^{12}C 的利用少，不同植物的 $\delta^{13}C$ 值明显不同，这是植物对两种碳同位素分辨率不同的结果。已知单叶 $WUE=P_n/T_r=（C_a-C_i）/1.6W$，而对 C_3 植物而言，$\delta^{13}C=-4.4‰-22.6‰ \times C_i/C_a$（其中 W 为空气和叶肉细胞间隙水蒸气浓度差；$C_a$ 和 C_i 分别为空气和细胞间隙 CO_2 浓度）。由于 $\delta^{13}C$ 与 C_i 的关系以及 WUE 与 C_i 之间相关关系的存在，Farquhar 和 Richards（1984）、Farquhar 等（1982，1989）认为 $\delta^{13}C$ 也可用来表示植物 WUE 的高低，其原理是：$^{12}CO_2$ 质量较轻而能够更快地扩散到植物的叶片上，同时细胞内羧化酶也能较快地固定 $^{12}CO_2$，使得细胞体内积累的 ^{13}C 要比 ^{12}C 少，这样未进入叶细胞体内而在其间隙中游离的 ^{13}C 就会受蒸腾作用影响随着气孔开张的大小程度扩散到叶外；相反，体外的 $^{12}CO_2$ 随光合作用向叶内扩散积累，这样通过计算 ^{12}C 和 ^{13}C 的相对吸收就可以估计植物的 WUE。因此，$\delta^{13}C$ 或稳定性碳同位素的相对丰度可以作为个体和群体长期 WUE 的估算指标。由于 $\delta^{13}C$ 值是 C_i 在时间和空间上的积分，因此避免了单叶 WUE 测定瞬时性的缺陷，故作为测定 WUE 高低的一个指标并引起人们的极大关注。

这种方法的优点在于：① 它不需要测定植物水分消耗和生物量增量，因而简化了 WUE 的测定过程并使其结果更为准确；② 它克服了其他方法难以同时测定不同地域的植物种群间生理活动变化所带来的困难（Joshua and Ann，2001）；③ 通过测定植物不同类型组织的 $\delta^{13}C$ 值就能够测定出不同时间尺度的 WUE，克服了其他方法只能测定某一时间尺度的缺陷。近年来，该技术被视为选育节水耐旱牧草良种的可靠技术之一。

五、WUE 应用实例

水分利用效率作为植物与水分关系的一个综合指标，是节水灌溉基础研究的中心问题。水分利用效率（water use efficiency，WUE）是单位面积土地上植物消耗单位水量所形成的生物产量（干物质）或经济产量，常用单位为 $kg/（hm^2 \cdot mm）$。不同气候区域、气候年份、灌溉量、灌溉模式、施肥量、施肥模式及刈割茬次紫花苜蓿的水分利用效率不同；建植 2 年及以上者高于建植当年者；不同品种差异不显著。试验测得在适宜的生长条件下苜蓿的 WUE 比其他大部分作物的 WUE 要高，如山西屯留冬小麦为 10.3kg，/（$hm^2 \cdot mm$）、陕西渭北冬小麦 18.4kg/（$hm^2 \cdot mm$）、内蒙古武川春小麦 4.5kg/（$hm^2 \cdot mm$）、山西屯留春玉米 16.1kg/（$hm^2 \cdot mm$）、内蒙古武川马铃薯 7.9kg/（$hm^2 \cdot mm$），而在相对正常的田间栽培管理条件下，建植当年紫花苜蓿的生物产量和经济产量（含水量 14%）水分利用效率的范围分别约为 8~12kg/（$hm^2 \cdot mm$）和 9~14kz/（$hm^2 \cdot mm$），建植 2 年及以上者分别约为 12~25kg/（$hm^2 \cdot mm$）和 14~29kg/（$hm^2 \cdot mm$）。

北京平原区中苜 1 号和 WL323 紫花苜蓿建植当年的基于地上部生物产量的水分利用效率分别为 11.0 和 10.6kg/（$mm \cdot hm^2$），基于全部生物产量者分别为 19.2 和 17.9kg/（$mm \cdot hm^2$），经济产量水分利用效率分别为 12.8 和 12.3kg/（$mm \cdot hm^2$），两个品种之间差异不显著，但同一品种不同茬次之间差异显著。

河北省坝上地区 2007 年阿尔冈金紫花苜蓿生物产量水分利用效率为 9.8~10.4kg/（$mm \cdot hm^2$），经济产量耗水系数为 11.4~12.1，不同茬次间差异显著。

研究指出，苜蓿在不受水分胁迫下的蒸腾量大于水分胁迫下的蒸腾量。不同茬次苜蓿的水分利用效率不同，由于冬季植物处于半休眠状态，且低温限制了光合速率，所以第一茬的水分利用效率较小，并指出苜蓿每蒸腾消耗单位水分生产的干物质的产量大于谷物的产量。研究表明，苜蓿在 5—6 月的水分利用效率高于 7—8 月的。苜蓿在刈割三茬的耕作制度下，三茬的水分利用效率不同。苜蓿的水分利用效率也受灌溉的影响。试验指出，在温度较高的 6 月和 7 月深灌处理可提高苜蓿产量和耗水量，其水分利用效率显著高于浅灌水和不灌水处理，并认为一方面是由于深灌处理下，苜蓿长期处于水分限制条件，蒸腾速率下降；另一方面灌溉间隔加大减少了土壤蒸发。

水分供应充足时，干物质产量高；水分受限制的情况下，干物质产量

随着蒸腾作用的下降而下降。这个关系可以表达为：$Y/Ym = T/Tm$

式中：T——蒸腾作用；

　　　　Tm——气候驱使的最大蒸腾作用；

　　　　Y——产量；

　　　　Ym——T 达到 Tm 时的潜在产量。

由于株冠关闭时 $T \approx ET$，已有许多报道指出了蒸腾系数（ET）与产量的关系。研究报道了美国大平原地区年干物质产量与蒸腾系数（ET）之间的线性关系。试验报道，这个线性关系存在小的偏差，这个偏差是由于早期单位蒸腾系数（ET）的较高产量（贮藏干物质从根和根颈向上部转移引起）和后期单位蒸腾系数（ET）的较低产量（根和根颈中贮藏的光合产物减少引起）形成的。

曾有研究概括了内布拉斯加州（Nebraska）、内华达州（Nevada）和北达科他州（NorthDakota）3 个地区的试验结果，得出结论每生产 $1t/hm^2$ 的苜蓿需要 8.3cm 的水。也有研究概括了不同的气候条件下的研究结果，发现获得 $1t/hm^2$ 的干物质需要 5.6~7.3cm 的水。

在威斯康星州（Wisconsin）和内布拉斯加州地区，苜蓿每昼夜的极端需水量分别是 1.3mm 和 14mm，但通常最大昼夜需水量或蒸腾系数（ET）为 5~11mm。昼夜 ET 主要受周边的辐射情况、苜蓿发展的阶段、温度及日照长短的影响。每年的温暖月份或全覆盖情况下，水分利用效率最高。温度、日照长短或土壤水分的缺乏诱发植物休眠或生长减慢，使得昼夜潜在的蒸腾系数（ET）减小。日间利用的水占昼夜利用水的大部分。研究发现，由于逆温现象和土壤保存的热量，夜间蒸腾系数（ET）占昼夜总蒸腾系数（ET）的 21%。ET 季节性变化主要受温度和生长季长短的影响，季节性变化很大，东北地区 400mm，西南地区则是 1890mm。

栽培措施诸如种子控制，灌溉及收获时间的制定，最小的地表径流、土壤蒸发，以及渗滤加深，这些都使得蒸腾作用中的可利用水的比例增大。此外，肥力低，不适宜的生长温度，植物病害、虫害都会降低产量，减少叶面积，减少株冠闭合，增加土壤蒸发，从而降低 Y/ET 值，进而降低 Y/T 值。通常春季生长的苜蓿（第一次刈割）水分利用效率（WUE）最高，这与当时最适宜的生长温度和较低的蒸腾系数（ET）有关。夏季温度过高，秋季日照时间缩短都会诱发休眠和减少水分利用效率。

土壤水分缺乏影响干物质产量，但是不同品种之间存在差异，这可能与它们的生长和再生率，根的特性，以及蒸腾作用有关。

不同水分利用标准的大型试验显示，灌溉对苜蓿的产量有积极的影响，将降低的土壤含水量，总的蒸发量和预定的土壤水分模型作为标准，制定了灌溉计划。在不同的环境条件下，需要经过试验来确定适宜的灌溉程序，这是因为气候、作物管理对蒸腾系数的影响，土壤持水力的差异、作物的反应、灌溉方法的效率等都影响灌溉的效果。因此，在半湿润的美国北达科他州单位可利用水的产量，与在水分缺乏的土壤上进行少量灌溉、适量灌溉和过量灌溉处理的都不一致。在半灌溉土壤上，地下水层深度对苜蓿最大产量的获得也极其重要。研究发现，地下水层深度为 1~2m 时，灌溉苜蓿可以获得最高产量，但是在水分几乎耗尽的土壤上，分别进行 0.5、1.0、1.5m 地下水层深度的灌溉处理，三者的单位可利用水的产量无差异。

另有研究表明，水分利用效率是一个可遗传的性状，通过育种来提高苜蓿的 WUE 是完全有可能的。WUE 与苜蓿的抗旱性有关，抗旱性是一个受多基因控制的性状，它与丰产性不易结合。抗旱植物的 WUE 不一定高，而高 WUE 特性能将丰产性和抗旱性结合为一体。在正常供水条件下，抗旱品种全生育期耗水量不一定比不抗旱品种少，但产草量低，WUE 低。在干旱条件下，抗旱品种的产草量比较稳定，与不抗旱品种比较，WUE 较高。研究认为，高的水分利用效率是苜蓿适应干旱环境并利于高产的重要机理之一。

第六章　苜蓿根系与水分吸收

第一节　根系与土壤水分

苜蓿具有强大的根系，可从深层土壤中吸收水分和养分。在无明显土壤障碍因子的情形下，生长1年的紫花苜蓿根系入土深度约为1~2m；生长2~5年者多在2~5m之间。土壤含水量越高，苜蓿消耗水量愈大，干物质积累速度愈快。苜蓿生长发育与根系从土壤中的吸收水量密切相关，发达的根系吸水效率较高，抗旱能力较强。在干旱季节，土壤深层水分上升补给苜蓿根层，是水分的主要来源之一。苜蓿普遍具有"上保水，下耗水"的特点。苜蓿的根系类型及其伸展广度与吸水能力密切相关，根系伸展越广越深，植株受水分胁迫的可能性就越小。在半干旱地区，地下水位深达2m以下，而一般作物和禾本科牧草的根系主要分布在0~30cm的土层中，不能吸收深层水分，因此抗旱性较差。但是苜蓿则不同，三年生的苜蓿根系深达3m，五年生者达7m，因此抗旱性较强。

苜蓿能够有效利用浅层和深层来源的土壤水分，进而影响土壤含水量和土壤水分再分配。0~1m土层，小麦、棉花水分利用率可达有效持水量的100%；1~2m土层，小麦可达91%~93%，苜蓿为90%~100%；2~3m土层，小麦为48%~78%，苜蓿为96%。据宁夏回族自治区固原测试结果，2—3年生苜蓿地1~4m土层内，4年生苜蓿地1~6m土层内，5年生苜蓿地0.5~8m土层内，其土壤含水量均已接近或低于凋萎湿度。由此可见，随着苜蓿的旺盛生长，需水量增加，根层的土壤水分减少，深层的土壤水分上升而产生水分运动。生长年限长的苜蓿由于有较深的根系，一般比一年生或二年生的苜蓿具有更强的抵抗水分亏缺的能力。另外，不同根系类型的吸水能力也不同，如分枝型、根茎型和根蘖型苜蓿，具有宽大的根颈、大量的支根、底下横走的根茎和匍匐生长的根，可以更有效地吸收土壤水分，这类苜蓿品种更耐干旱。同时，土壤水分情况影响苜蓿根系的分布和伸展幅度。当土壤水分在冬季得到补充，而且达到一定深度，则在生长季无雨或少雨的情况下，苜蓿根系偏向垂直伸展；根系上层水分较多，苜蓿根系就偏向水平发展，根系相对浅而分布广，在土壤各层根系吸水分布相对均匀。

第二节　根冠与 WUE

植物根系发挥着吸收养分与水分的功能，冠层发挥着光合合成有机物质的作用，二者相互依赖、互相制约，有机地构成了植物的整体功能系统。水分条件等环境因素可改变植株根冠关系，进而影响植物 WUE，但不能改变其基本变化趋势。植物要获得最大 WUE，根冠结构大小与功能之间的配合就应该保持最佳，即根、冠间应该达到结构和功能的平衡。虽然根冠关系是受环境条件影响较大的一个参数，但根冠关系对环境条件的响应是以其遗传特性为基础的。不同植物或同一植物不同品种，由于遗传特性不同，其对环境条件的响应也不同。植冠合成的碳水化合物和根系吸收的水分和养分在根、冠间的分配调节了根、冠的生长，即一个器官物质的相对增加是受来自另一器官的供给控制着，因此，可以说植物根、冠间存在着一种在生长过程中展现的、以遗传特性为基础的、能通过调整来适应环境的关系，这就为通过育种途径和栽培措施人为调控植物根冠关系以使其达到最优提供了可能。

一、根冠大小与 WUE

植株大小在植物对胁迫环境的适应方面具有重要意义。生态学家一般认为个体小的植物在干旱胁迫环境下有较好适应性，育种学家则认为小个体品种易对高投入和生产环境起反应，而大个体品种则在不利环境条件下具有较好的稳产性，但大个体品种对资源如水分的需要量要多于小个体品种。事实上，现代育种也正向矮秆化方向发展，冠层结构的不同是造成其WUE差异的原因，植株矮化对干旱胁迫的响应没有明显的影响，而遗传背景和产量潜力对其影响远远大于矮秆基因的影响。矮化对根系生长的影响尚无明确结论。

一般认为强大而深密的根系是植物适应缺水环境的重要机制，凡能促进根系发育的措施都可以促进植物对缺水环境的适应。因此，人们均以根量大小作为植物耐旱性强弱的指标。农学界普遍接受的观点认为：根系越庞大，植物获得的水分就越多，因而产量就越高，即中国传统观点"根深叶茂"。然而追求庞大根系的育种思想和方法却未能给干旱半干旱农牧业地区植物生物学产量潜力提高带来任何实质性的改变。因为根据生态学中的最优生活史对策原理，生物个体把同化的有限能量向某一功能分配的增加必然造成对其他功能分配的相应减少。研究发现，生产单位重量根系所需消耗同化产物相当于形成等量冠层物质的两倍，高达20%~50%的总光合产物用于根系生长，超过50%的日光合产物被根系呼吸消耗。因此，庞大的根系并非有利于水分吸收。

旱地农业与节水灌溉农业结合发展的趋势日益明显，两者结合所要解决的关键问题是：在灌溉农业中如何做到在节约大量灌溉用水的同时实现高产，在旱地农业中如何做到限量供水以达到显著增产，两者的结合点就是如何提高水的利用率和利用效率的问题。国内外的旱农实践证明：充分将有限的环境水和最大限度地节约植物本身用水相结合是提高农田水资源利用率和利用效率的基本途径，而在径流、渗漏、无效土面蒸发接近于最大限度的控制以后，提高植物本身的水分利用效率就成为进一步发展旱作农业和节水农业的一个中心问题。唯有如此，才有可能在进一步大幅度减少农业用水方面取得新的突破。

二、根冠关系对 WUE 的影响

试验发现，WUE 与植物大小有关，小植株有较高的同化能力和气孔导度，当有水分时能快速利用，因而有较低的 WUE；而大植株则有低的同化能力和较大的水分散失气孔控制，因而有高的 WUE，因此小植株对土壤水分的反应要较大植株迅速。但也有研究发现大植株有高的光合能力和气孔导度，但 WUE 也高，这或许与大植株吸收较多深层土壤水分有关。

从气孔反应、植株高度和冠层生物量降低来看，在干旱条件下，矮小植株受到的影响要比高大植株受到的影响小。矮小植株对干旱有较好适应性，但在这种情况下，高大植株的生物量、产量和 WUE 则要高于矮小植株，矮小植株的较大耐旱性与其植株较小和生长缓慢有关（干旱下的产量和 WUE 较低）。高大植株具有特殊耐旱机制，对后期的水分胁迫具有良好的缓冲效应，因此生物产量较蒸腾受到更小的影响而提高 WUE。从源库关系对 WUE 的影响来说，通过增加生物产量也可以促进 WUE 的提高；高大植株一般在干旱条件下对水分胁迫不敏感，能够稳定生长，有较高的株高和 WUE。但目前关于植株大小对其 WUE 的影响研究方面结论并不一致。

研究指出，野生种从生存角度考虑，较大的根冠比是需要的；而在栽培种上，根冠比则应适当降低，因为强大根系吸收较多水分的作用会被收获指数降低的作用所抵消。植物方面的研究也表明虽然根重在一定范围内有利于 WUE 的提高，但过大则产生不利的冗余。持根、冠平衡观点者认为，只有当根和冠的比值保持常数时，植物的 WUE 才最大，根、冠的生长调节才最优，植物方可获得最大生物量。研究认为植物的蒸腾效率是不可改良的，由于蒸腾效率以地上部干物质重与蒸腾耗水之比来表示，如果构成根系的同化产物不能被冠部所利用；事实上，根、冠之间存在紧密的联系和互作，去根实验的结果证实去掉部分根系对植物冠层生长无影响，植物可发育出超过其生长需要的多余根系，根系并非与功能完全对应，大冠层未必需有大的根系支撑。试验发现：去掉 4/5 的根系并不影响幼苗叶片的蒸腾速率和气孔导度，水分状况也没有明显变化，其原因在于其余部分根系吸水能力的增强弥补了去根带来的不利影响，根系功能的增强有利于减小根系的生长冗余。

多数植物在遭受到干旱胁迫时，其根冠比可达到 0.45~0.80，根系生物量占总生物量的 30% 以上，具有适当小根系特征的植株品种可以使更多的光合产物从根系转移到地上部分。适当减少根系对提高生物产量有巨大潜力。这为人为调控根、冠大小以提高植物 WUE 提供了理论与技术上的支持。显然，根系的行为并不一定和植株的行为结构对应，因此，农业生产中存在一个对于产量而言的最佳根系大小，超过这个临界值，个体竞争能力的提高反而会降低该个体向繁殖方面的能量分配，使产量和水分利用下降。最佳根系大小有两个方面的含义：一是使个体竞争能力达到最大即进化上的平衡（根系要大）；二是使群体单位面积产量达到最大即农业上的最佳点（根系要适当小）。二者之间的差值即为可降低的根系大小，即根系冗余。但目前很多植物并没有明确多大的根系才能有利于达到最佳的 WUE。

三、根系结构及分布与 WUE

研究显示，不仅根系大小，而且根系在土壤剖面的不同分布也影响着植物对干旱的适应性和 WUE。

通过对不同耐旱类型牧草的研究发现：耐旱性强的品种在干旱下的 WUE 高，这与其较低的根系水力导度有关，而根系解剖结构的改变是降低其根系水力导度的重要原因。另有研究发现，根系形态性状（总根长、根系表面积和根系干物质重）与植物整体 WUE 间具有显著或极显著的相关性，回归曲线趋势基本相同，均呈二次曲线关系，即当根系生物量、总根长和表面积相对较小时，随着生物量、总根长和表面积的增加，产量

WUE 也增大，但当这些值增加到一定程度后，产量 WUE 开始下降。其中根长对 WUE 的贡献是第一位的，而根系干物质重的贡献最小，根系表面积介于二者之间。说明通过根系形态特性和空间分布的优化能够调节植物整体的水分关系和 WUE，应重视根系结构、根系组成及剖面分布在调控植物地上部水分利用方面的作用。

第三节　根系吸水生理

根系除支撑和固定植物地上部分这一力学功能外，另一个重要功能就是从土壤中吸收水分和养分以满足植物地上部分生长所需。表征植物根系吸水能力的一个重要的水力学参数就是根系的水力导度（用通过根系的水流通量与根木质部和根表土壤间的水势差之比来表示），也可用来表示植物细胞导度，并分为径向导度和轴向导度，严格来说，仅径向导度反应根系吸收水分的能力，而辅向导度则反映了植物根系输导水分的能力。近年来，植物根系吸水或根水力导度研究已取得了许多重要进展，这对阐明根系吸水机制和地上、地下部关系起到了重要作用。

一、根系吸收水分的主要部位

根系吸收水分的部位一般是在距根尖 10~100mm 的区域，这种看法是基于解剖上的证据。从根表面到根中心，依次为根表皮、下表皮、皮层、内皮层、中柱，其中根表皮是有最高吸收活性的根区，但一般仅可存活几天，而内皮层将皮层和中柱分开形成了根内侧的一个界面，老根中一般有不透水的周皮和栓质化的内皮层，有很强的不透水性。

根系吸水部位随根系发育阶段而变化，且存在植物种间差异，不存在一个统一的范围，要充分认识这一问题必须在对根系解剖结构认识的基础上，对根内不同部位的阻力及其对水流贡献的大小进行详细研究。

除了一条根上不同区域的吸水能力存在差异外，不同根龄根的吸水能力也不同，幼根和侧根的水力导度要明显大于老根的水力导度，对整株植物根系吸水而言，老根的贡献很小。因此植物整个根系的吸水能力在不同的生育期也是变化的，这取决于该生育期内哪种根占主导地位，并非所有根系都参与了植物吸水。因此就提出了"有效根密度"的概念，用以表征整个根系的吸水能力，并发现整个根系的吸水速率与有效根密度成正比。

二、土壤阻力及根土界面阻力

植物根系在其吸水过程中，会依次遇到土壤阻力、根土界面阻力、根阻力，究竟是哪种阻力限制了根系吸水还存在很大争论。一般认为在非饱和土壤中，土壤阻力是限制根系吸水的主要因子。实验表明：土壤阻力仅在接近凋萎含水量时才明显增大，这意味着土壤阻力不是限制根系吸水的主要因子，同时说明土壤阻力对根系吸水的影响取决于土壤的水分状况。

土壤干旱会导致根系收缩，造成根土空隙而影响根系吸水。但也有试验认为仅在有大的内聚合空间的土壤中因大空隙迅速排水，才会产生土壤收缩，因此土壤收缩常可忽略不计。还有研究认为根土界面阻力的大小取决于植物种和根系径向阻力所在位置：如果根系径向水流的障碍在内皮层，则皮层（可能收缩的部分）的水分状况应该很稳定地与土壤而不是与木质部平衡，因而干旱下皮层不应该收缩；而如果径向水流的障碍在下表皮，则皮层的水分状况应倾向于与根系木质部平衡而导致皮层的收缩，从而引起较大的根土界面阻力。因而认为根土界面阻力存在与否也与根系阻力有较大关系，因为后者是决定根系是否在干旱下收缩的重要因子。

研究发现，严重干旱（土壤水势 -1.1 MPa）会导致根系收缩（为根系直径最大值的52%），根土界面空隙增大（为0.117 mm）；土壤充分供水下（土壤水势 $-0.13\sim0$ MPa），根径向导度最小限制了根系吸水；土壤水分胁迫下（土壤水势 $-1.05\sim-0.12$ MPa），土根界面导度最小，界面层阻力成为根吸水的主要限制因子；严重土壤干旱下（土壤水势小于 -1.05

MPa），土壤导度最小，土壤成为根系吸水的主要限制因子。根土界面阻力存在与否除与土壤水分状况密切相关外，还与植物根系阻力有关，且存在种间差异。

三、径向阻力

在土壤－植物系统中，从根土界面到根系木质部的水流沿径向途径转运，其阻力称为径向阻力，也称为根系的吸收阻力，在根阻力中占主导地位。一般认为带有凯氏带的内皮层是径向途径上水分进入植物体的主要障碍，某些植物的凯氏带也存在于下表皮，这种下表皮的存在也严重影响了植物根系的吸水。在有外皮层（下表皮上有凯氏带）和无外皮层的植物幼苗根系上研究了其水分吸收，发现外皮层的存在使得静水压驱动的根系水力导度减小了 2.6 倍；而渗透压驱动下，外皮层的存在对水力导度的影响随渗透压梯度的变化而变化（培养介质渗透压低时，外皮层的存在引起了根系水力导度同样的降低；而培养介质渗透压高时，外皮层的存在对根系水力导度无明显影响）。这种外皮层的形成与水分胁迫有关，主要影响了质外体途径的水分流动，在降低根系水力导度从而阻止植物水分散失方面有重要作用。而有栓化内皮层的根区也有大量的水分吸收，也有研究发现，带有凯氏带的内皮层不是水分径向流动的主要阻力部位。因此许多人对根系径向水力导度与其解剖特征之间的相关性进行了研究，且大部分研究集中在内、外皮层木质素的沉积上，因为这些组织的存在预期会降低根系的径向水力导度，但大多数情况下与预期结果并不相同。这说明根系的水力特性并不单纯与解剖结构有关。事实上，根系径向水力导度存在种间差异，可随根系长度、测定方法而变化。因此有必要对根内径向水流作进一步的详细分析。

现已明确根内径向水流通常有并联的 3 种途径：质外体（通过细胞壁）、共质体（通过细胞连丝）和跨细胞（跨细胞膜）途径（图 6-1）。由于后两者实验上很难区分，故统称为细胞—细胞途径，其水力导度可用

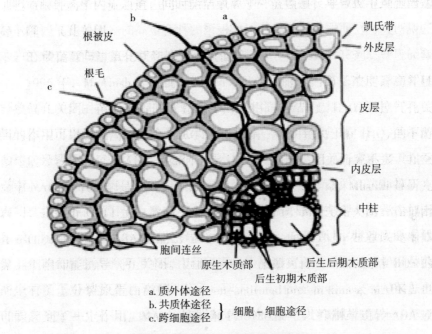

a. 质外体途径
b. 共质体途径
c. 跨细胞途径 } 细胞 - 细胞途径

图 6-1　根内水分的径向运输途径

细胞压力探针技术进行测定。解剖学上凯氏带在质外体的水流途径，而木质素片层则在细胞到细胞途径。因此要确定根内皮层细胞壁的改变或其他解剖上的改变对水流的影响，必须首先明确不同水流途径对整个水流的贡献。

传统上认为：质外体途径有利于水分的运输，因为在这一途径中，水分沿绕皮层细胞原生质体的质外体途径运行，阻力很小；而当水分到达内皮层上的凯氏带（或某些植物上的外皮层）时，它必须首先穿过这些细胞壁的内、外两层切向膜，或穿过共质体才能到达木质部，这一段的阻力很大。

用压力探针技术的测定表明，细胞膜也有高的水力导度，因此，认为至少在薄壁组织中，水流主要产生于细胞 - 细胞途径，而不是质外体途径。

在对 3 个草本植物的研究发现，根系水力导度与根系直径和皮层厚度呈显著负相关，且皮层厚度对根系水力导度的影响要大于根直径的影响，这说明具有较薄根系或薄的皮层的根系的种有最高的水力导度。因此，尽管细胞壁物质有较高的水分输导能力，但质外体途径的截面积分数在许多组织中都较小，其对整个水流的贡献并不一定很大。

然而要确定以上两种途径对整体水流贡献的大小却是困难的。高蒸腾速率条件下，木质部溶质浓度可忽略，水流驱动力主要为静水压，水分运动以集流为主；而低蒸腾速率下，水分以渗透流为主。也有研究认为根内水流驱动力的性质影响了两条途径对水流的贡献大小，当驱动力为纯渗透压时，沿质外体途径无水流，而当驱动力为纯净水压梯度时，则主要以质外体水流为主。两种驱动力或不同输水途径间存在累加效应，且不同输水途径间可相互补偿，现实情况下水流驱动力或许是两种力的混合体（既有渗透压的，也有静水压的），由于驱动力组成的不断变化导致了两种途径对整个水流贡献的变化。这一观点对根系水力导度的日变化提供了良好的解释，因为一天之内根系解剖结构不会发生大的变化，但驱动力的性质会由于蒸腾速率的变化而变化，并从而导致白天较高的根水力导度和晚上较低的根水力导度，但在这种解释中，水分通过细胞膜的作用尚不清楚。用压力探针技术的测定结果表明：胁迫条件下细胞水平上水力导度所受影响要明显大于根水平上水力导度所受影响，因此质外体水流的贡献增加。很明显，在这种情况下，根系吸水能力的改变主要发生在细胞—细胞途径，而不是由壁结构改变所引起的质外体途径。

四、轴向阻力

除径向阻力外，水分在根内运动还会遇到轴向阻力，也称为水分的传输阻力。已明确轴向水流主要沿木质部管道运行，由于木质部主要由成熟的导管和管胞组成，所以水流阻力很小，与径向水流相比，常可忽略不计。但用根压探针技术发现，横壁木质部会在根尖 15 mm 范围内持续，并减小轴向水力导度。也有研究证实，根尖部位的轴向水力导度与其余根区相比降低了 3 个数量级，这表明植物根尖并不适宜于水分传输（这也解释了为何根尖不是主要吸水部位），因此轴向阻力的大小可因木质部导管的发育状况、根龄以及环境条件而改变。

虽然正常情况下，根系的轴向阻力可忽略不计，但干旱下根系木质部导管栓塞所形成的气泡会极大降低根系的轴向导度，并造成较大的轴向阻力。研究发现，严重干旱对根系总水力导度、轴向导度的影响，发现胁迫下总导度和轴向导度皆降低，但轴向导度的降低程度要大于总导度的降低程度（下降了 100 倍），其原因在于较小的导管直径和导管数量。较大的轴向阻力会确保深层土壤水分被缓慢消耗，以保证花期等敏感期使用并提高生物产量和 WUE。但目前由于研究手段限制，还无法对土壤环境中根系原位阻力进行测定，加之轴向阻力受众多因子影响，有关理论尚待进一步的实验研究证实。

五、根系吸水能力的恢复

土壤水分条件是影响植物根系吸水的一个重要环境因子。土壤干旱条件下已在多种植物上观察到根系水力导度的降低。这种根系水力导度的降低限制了植物进一步的水分散失，对植物在干旱下的存活有重要作用。半干旱地区多变低水环境下，植物在其生长季经常会遇到干旱的危害，但这种干旱也常会被偶尔的降雨所终止，因此对植物根系在复水后恢复能力的研究也有重要意义。

在经历干旱后复水，根系水力导度即可达到未干旱前的水平，其后还可能高于一直充分供水处理下的水平。这种根系水力导度的恢复是由于大量新根的出现所造成的。植物根系的发育程度是影响根系吸水能力恢复的一个重要植物因子。

除植物因子外，环境因子也影响了根系水力导度的恢复程度。研究发现：复水 48h 后，胁迫水平为 1.2 的处理，幼苗的根水力导度从对照的 16% 增加到 66%，胁迫水平为 0.5 的处理，24h 内根水力导度已完全恢复到对照水平，胁迫水平为 1.0 的在 48h 内完全恢复；而严重干旱（胁迫水平 1.6）由于引起了根系解剖结构的极大变化，形成了由加厚的木质化壁组成的两层外皮层和由完全木栓化的壁组成的 3~4 层内皮层，这些根的水力导度在复水后很难恢复，除非根尖生长或长出新的侧根。可见，根系水力导度在干旱后的恢复除与根本身有关外，还与其所受到的水分胁迫程度有关。

除根系解剖结构的变化和大量新根的生长外，水通道蛋白（AQP）在根系吸水的恢复方面也起重要作用。实验发现：在干旱 8d 并复水 4d 以后，对照植株在根系水力导度和蒸腾速率上的恢复要快于减少 AQP 表达的植株。

根系吸水研究一直是植物生理学研究中的一个热点问题，然而与地上部研究相比，由于土壤环境的复杂性和研究手段方面的限制，根系吸水研究大大滞后了。近年来，压力探针技术的出现使得从细胞到组织或器官水平上根系吸水的研究成为可能。

这些技术上的进步无疑对根系吸水研究起到了极大的推动作用，也使其取得了很大进展。但是这些研究多在离体根系上进行，其测定结果难以反映土壤原位根系吸水的实际情况，因而基于上述研究结果所建立的各种根系吸水数学模型在预测田间根系吸水方面还存在很多问题。虽然如此，这方面的研究仍是需要的，也有很多问题尚不清楚，如 ABA 影响根系吸水的机制、品种间吸水能力差异的生理生化原因等，这些问题的进一步研究和解决对深入阐明根系吸水的机制具有重要意义。虽然现在对根系吸水行为已有了较为明确的认识，但它与地上部的关系，尤其是与地上部生理过程之间的关系尚不明确。即如何将根系吸水过程、根系水力学参数与植物生理过程、产量形成机制联系起来是根系吸水研究的薄弱环节，对此方面的深入研究必将有助于植物整体耐旱性机制的阐明和干旱地区植物生物学产量的提高。

第四节　根系吸水研究进展

一、根系构型特征与水分胁迫

水分是植物赖以生存和发展所必需的自然资源；根系是土壤水分的直接吸收利用者，根系除支撑和固定其地上部这一力学功能外，另一个重要功能就是从土壤中吸收水分和养分以满足植物地上部生长所需。根系是吸收水分和养分的器官，将水分、营养物质送到地上部，并从茎叶获得它生长所需的营养与微量活性物质。另外，根系还具有储藏及生物合成作用，对地上部的生长、形态建成发生作用。当土壤水分胁迫时，根系首先感到并迅速发出信号，使整个植株对水分胁迫作出反应。同时根系形态结构、化学成分的数量和质量也发生相应变化，并影响地上部"叶光系统"的建成和产量。多年来，国内外学者对根系和水分的关系进行了大量的研究。水分胁迫下，诱导根系产生更多数量的二级侧根与三级侧根，根表面积增加，根直径变小，侧根发生率与死亡率都很高。这种分生特征能更有效地吸收土壤中分布不均的水分。因为小直径的根系穿透力强，可吸收深层水分，另外新生侧根能更有效地把吸收的干土层的有效水分输送给主根。

二、根系吸水特征与土壤水分

在干旱条件下，根系分生加速，出生率和死亡率都提高。根系吸水量随土壤深度的增加而减少，但与根量之间无线性关系，中深层根系吸水量占总吸水量比例远大于中深层根量所占总根量的比例。当土壤水分干旱时，接近地下水层的根系吸水率比上层干土层的吸水率大得多，深层根的吸水量就变得十分重要。高根系水分利用率的调控技术，即合理适时适量灌溉，可改变根系形态结构，提高水分利用率。

三、不同水分处理苜蓿根系特性差异比较

多年生苜蓿的根系和根茎是其吸收运输养分和水分的重要器官，同时根茎也是产生枝条的重要部位，直接影响到苜蓿形态建成、生产性能和可持续利用，如生产力、耐寒性、耐旱性、再生性、水分利用率、抗病性等均与根系形态密切相关。根深有利于吸收深层土壤养分、水分，对不良环境抵抗力强。主根粗且重，侧根多、直径较粗，分布于较深层土壤中，并显示其根系生长发育良好，适应能力强，有较好的旱作生理基础，其总根长和总根重在不同水分处理下随生长日期表现相同的单峰变化趋势，总根长和总根重的最大值均出现在分枝至现蕾阶段。水分胁迫会导致 0~60cm 土壤中总根重和总根长都降低，但水分胁迫下经耐旱锻炼后，会促进根系下扎，深层根量占总根量的比例增大，根长密度随土层深度递减速度减慢，根冠比增大，提高了对土壤深层水的利用。

四、小结

植物根系吸水研究一直是植物生理学研究中的一个热点问题，然而与地上部分研究相比，由于土壤环境的复杂性和研究手段方面的限制，根系吸水研究大大滞后。近年来压力探针技术的出现，使得从细胞到组织或器官水平上根系吸水的研究成为可能，而水通道蛋白的发现，使得从分子机理上阐明根系吸水成为可能，也引起了人们从细胞途径对整个根系吸水贡献的重新评价。这些技术上的进展无疑对根系吸水研究起到了极大的推动作用，也取得了很大进展，但是这些研究多在离体根系上进行，其测定结果难以反映土壤原位根系吸水的实际情况，因而基于上述研究结果所建立的各种根系吸水数学模型在预测田间根系吸水方面还存在很多问题。

第七章　苜蓿灌溉制度

灌溉对苜蓿生长发育非常重要，合理灌溉能够促进苜蓿的生长，增加刈割次数，提高产草量，改善饲草的品质。在湿润地区，当旱季到来时进行灌溉，方能保持高产、稳产；在干旱半干旱地区，如果降水量不能满足苜蓿高产的需要，应根据实际情况灌溉补水。

第一节　苜蓿灌溉

一、灌溉时间与灌溉次数

苜蓿生长的各个阶段都需要供给适当的水分。研究指出，苜蓿不同生育期的适宜需水量为：从子叶出土到茎秆形成要求田间持水量达到80%；从茎秆形成到初花期为70%~80%；从开花到种子成熟为50%左右；越冬期间为40%。灌水的时间对产草量的影响很大，大量研究表明苜蓿需水量最大的时期是孕蕾期到开花期，也是重要的灌溉时期。每次刈割后也应立即灌溉，以促进苜蓿再生，尤其在盐碱地区更为重要，因为刈割后，土壤水分蒸发量加大，盐分随即带到土表，对苜蓿的生长发育危害较大。

苜蓿的灌溉次数与其种植地区的降水量和降水分配有关。干旱季节，灌水次数增加能提高产草量。有试验表明，老龄苜蓿草地灌溉可以提高产草量，春灌一次提高 30%，若加上夏灌可提高 1 倍以上。配合施肥进行灌溉，可使苜蓿草地保持高产、稳产。在我国西部干旱地区冬灌和春灌，可以保证苜蓿安全越冬，增产效果较为明显。研究指出，北京地区苜蓿草地在灌返青水的基础上，应在第一茬分枝期和第二茬刈割后再生初期灌水，第三茬应少灌水（表 7-1）。

表 7-1　不同灌水时期对各茬苜蓿干草产量的影响（kg/hm^2）（$P<0.05$）

处理	第一茬	第二茬	第三茬
不灌水	7 306.7c	2 980.3c	3 127.6a
刈割后再生初期或分枝期（1茬）灌水	7 604.3c	3 835.1ab	2 825.5ab
分枝期灌水	8 750.4b	3 571.8bc	2 876.2ab
刈割后再生初期（分枝期）和分枝期灌水	9 398.3a	4 390.0a	2 440.7b

注：第一、二、三茬的降水量为 64.2mm、92.9mm、161.2mm。（赵金梅，2003）

二、节水灌溉

我国苜蓿的种植区域大部分处在北方干旱地区，水资源相对紧缺。如何有效合理地利用有限的水资源，推行节水灌溉技术，将是苜蓿高效灌溉的必由之路。例如，应用先进的灌溉设备进行滴灌、喷灌，研究不同品种、不同生育期的需水量以及需水临界期，制定有限水的灌溉制度，提高水分利用效率，节水与增产相结合。

在内蒙古荒漠草原区试验研究表明，最经济的灌水方案有 4 种，可以根据当地具体情况应用其一，都能达到最有效地利用灌水，获得较高的牧草产量（表 7-2）。

表 7-2　苜蓿的优化灌溉制度

灌水次数	生长阶段的灌水量（m^3/hm^2）					灌溉总量（m^3/hm^2）
	返青至分枝	分枝至现蕾	现蕾至开花	开花至结荚	结荚至成熟	
1		900				900
2	600	900				1500
3	600	900	900			2400
4	600	900	900	900		3300

（郭克贞等，1999）

第二节　苜蓿水分生产函数

苜蓿产量与需水量之间的函数关系被称为苜蓿的水分生产函数。需水量一般由 3 种指标代表：灌水量、田间总供水量（灌水量 + 有效降水量 + 土壤储水量）、实际蒸发蒸腾量。由于前两种指标代表的水分不一定都被苜蓿利用，因此目前常用的是实际蒸发蒸腾量（即指腾发量或耗水量）。

苜蓿水分生产函数的模式有很多，但归纳起来主要有两大类：一是苜蓿产量与全生育期总蒸发蒸腾量的关系；二是苜蓿产量与各生育阶段蒸发蒸腾量之间的关系。

一、水分生产函数的测定试验

测定水分生产函数的灌溉试验是在人为形成某种缺水状况下进行的，由于这种试验必定与植物生长过程中一定的水分亏缺相联系，因而常称之为亏缺灌溉试验或非充分灌溉试验和有限灌溉试验。非充分灌溉试验的设计取决于灌溉控制指标的选定，目前国内外开展此项试验所采用的控制指标可归纳为：① 以灌溉水量为控制指标；② 以土壤含水率下限值为灌溉控制指标；③ 以植物生理特征值为控制指标；④ 以灌水次数作为控制指标；⑤ 以灌溉保证率作为控制指标。

描述产量与整个生育期耗水量关系的数学模型，一般可用于研究多种植物间的优化配水，但它只能评价水分投入总量对产量的影响，而不能确定水量在植物生育期内分配对产量的影响。即使对苜蓿的灌水总量相同，如果其在生育期内的分配不同，产量亦会有较大的差异。而且在某些关键阶段，由于灌水时间不同造成的产量损失，很难由后期的水分补偿而得到恢复。在本试验研究中，反映产量与阶段耗水量之间关系的方法有两种：第一种方法是在确保其他阶段需水量都能满足的条件下，仅就产量与某一阶段耗水量的关系进行分析；第二种方法是建立相对产量与生育期各阶段相对耗水量之间的某种函数关系，在这方面，国内外已有较多的研究，模型的形式也很多，但归结起来大致分为相加模型和相乘模型两类。

（一）加法模型

1. 在相加模型中，比较有代表性的典型模型为 Blank 模型

$$\frac{Y_a}{Y_m} = \sum_{i=1}^{n} K_i \left(\frac{ET_a}{ET_m} \right)_i$$

式中，Ya、Ym 分别为非充分供水、充分供水条件下的产量（kg/hm²）；ETa、ETm 分别为与 Ya、Ym 相对应的阶段耗水量（m³/hm²）；n 为划分的生育阶段；K_i 为第 i 阶段的产量敏感系数。

2. Stewart 模型

用相对缺水量作自变量，与相应阶段（i）敏感系数 K_i 做乘积表征的由 J. I. Stewart（1976）等提出的加法模型，简称 Stewart 模型。

$$\frac{Y_a}{Y_m} = 1 - \sum_{i=1}^{n} K_i \left(1 - \frac{ET_a}{ET_m} \right)_i$$

3. Singh 模型

用相对亏水量作自变量及经验幂指数 b_0 与相应阶段敏感系数 K_i 乘积表征的 P.Singh（1975）模型为：

$$\frac{Y_a}{Y_m} = 1 - \sum_{i=1}^{n} K_i \left[1 - \left(1 - \frac{ET_a}{ET_m} \right)_i^{b_0} \right]$$

4. D–G 模型

水分生产函数建模的困难之处，在于缺乏专门设计用于非充分灌溉的试验资料，因而不可避免地设法寻求样本代替总体的平均的数学渐近值，第十二届国际灌排大会上（ICID，1984）D.DavidovST. 和 Caydarova 提出用渐近值计算的加法模型，简称 D–G 模型，用于计算相对产量增值和阶段供水关系。

$$\frac{\delta Y_a}{\delta \overline{Y}_{m,N}} = \sum_{i=1}^{n} \left\{ K_i^* \left[1 - \left(1 - \frac{M_a}{M_m} \right)_i^{2m_0} \left(\frac{M_m}{M_{a,n}} \right)_i \right] \right\}$$

式中：i 为植物生育阶段序号；N 为寻求平均渐近值的样本试验年数；m_0 为植物指数，指全生育期内因植物种类不同对象对缺水量的幂指数，$m_0=0.6\sim1.0$，如玉米 $m_0=1.0$，苜蓿 0.7；K_i^*，D–G 称为某一生育阶段 (i) 平均灌溉增产的分摊系数（$\sum_{i=1}^{n} K_i^* = 1$），或称灌溉的阶段效益系数（对不同灌溉水而言），其含义阶段水分敏感系数；$\delta \overline{Y}_{m,N}$ 为每一生育阶段保持充分供水的最佳条件下，N 年最大单位的面积增产值（δY_m）的平均值。δY_a 为某一年非充分供水的单位面积植物的增产值；$\overline{M}_{a,N}$ 为某一生育阶段实际供水量（M_a）的多年平均值，即 $M_{a,N} = \sum_{j=1}^{N} \frac{K_{a,N}}{N}$。

（二）乘法模型

1. Jensen 模型

在相乘模型中最为著名的是 1968 由 M. E. Jensen 乘法模型，以后虽有人对此进行了各种形式的修改，但考虑到它终究是一种统计分析的回归模型，所以在本试验研究中我们依然采用了下述形式的 Jensen 模型进行分析：

$$\frac{Y_a}{Y_m} = \prod_{i=1}^{n} \left(\frac{ET_i}{ET_{mi}} \right)^{\lambda_i}$$

式中：Y_a、Y_m 为非充分供水、充分供水条件下的产量，kg/hm^2；ET_i、ET_{mi} 为与 Y_a、Y_m 相对应的阶段耗水量，m^3/hm^2；λ_i 为第 i 阶段缺水对产量影响的敏感指数；n 为全发育期划分的生育阶段数。

λ_i反映了第i阶段因缺水而影响产量的敏感程度。由于$ET_0/ET_m \leq 1.0$，一般$\lambda_i \geq 0$，故值λ_i愈大，将会使连乘后的Y_a/Y_m愈小，表示对产量的影响愈大；反之λ_i愈小，即表示对产量的影响愈小。因此，对于 Jensen 模型中的λ_i值大者称敏感性大（生育阶段），小者称敏感性小（生育阶段）。λ_i是 Jensen 模型中的关键性指标。每一阶段的缺水不仅影响本阶段，还对以后的阶段产生影响。

2. Minhas 模型

用相对亏水量作自变量与相应阶段敏感指数λ_i表征的 Minhas 模型为：

$$\frac{Y_a}{Y_m} = a_0 \prod_{i=1}^{n} \left[1 - \left(1 - \frac{ET_a}{ET_m} \right)^{b_0} \right]^{\lambda_i}$$

式中：b_0为自变量的幂指数，Minhas 等认为$b_0 = 2.0$；a_0为实际亏缺水量以外的其他因素对Y_a/Y_m的修正系数。

3. Rao 模型

用相对腾发量作自变量与相应阶段敏感系数作连乘表征的 N.H.Rao（1988）模型为：

$$\frac{Y_a}{Y_m} = \prod_{i=1}^{n} \left[1 - K_i \left(1 - \frac{ET_a}{ET_m} \right) \right]$$

式中：K_i为不同生育阶段缺水对产量的敏感系数（乘函数）。

4. Hanks 模型

为了区别ET中的叶面蒸腾（T_a）和土壤蒸发（E_s），以便精确估计，对 Jensen 公式进行一定分解后得到了 Hanks 模型，其公式如下：

$$\frac{Y_a}{Y_m} = \prod_{i=1}^{n} \left(\frac{E_a + T_a}{E_m + T_m} \right)_i^{\lambda_i}$$

二、模型的求解

在非充分灌溉试验中共设N个处理，其处理号$j = 1, 2, 3, \cdots, N$，

在 N 组处理中必须包含一组充分灌溉处理，作为水分最佳状态的参照，达到 Y_m 目标，其余处理均为非充分灌溉处理，即包含不同生育阶段缺水的各个处理。生育阶段划分为 n 个阶段，阶段序号 $i=1$，2，$\cdots$，n，n 即为所求参数 λ_i 的元数，由此变成 n 维求解问题。为获得唯一可行解，应满足 $N \geq n+1$；为获得最优解，应满足 $N \geq n$ 时，可削弱某些个别处理数据对总体分配的影响。

对 Blank 模型和 Jensen 模型经过数学演绎的适当变换，它们可以化为多元线性回归方程，用最小二乘法原理求回归系数得到最优解。

Blank 模型中，令 $Z=Y_d/Y_m$，$E_{T\alpha}/ET_m=E_i$，$\lambda_i=K_i$

Jensen 模型中，令 $\ln(Y_d/Y_m)=Z$，$\ln(E_{T\alpha}/ET_m)=E_i$

Blank 模型和 Jensen 模型均可统一化成如下多元性公式：

$$Z = \sum_{i=1}^{n} \lambda_i \cdot E_i$$

通过 N 种不同试验处理，得到 K 组 E_{ik}，Z_k（$K=1$，2，3，$\cdots$，N；$i=1$，2，$\cdots$，n）采用最小二乘法，即可求得满足下式要求的 λ_i 值：

$$\min Q = \sum_{K=1}^{n} \left(Z_K - \sum_{i=1}^{n} \lambda_i \cdot E_{ik} \right)^2$$

要想使上式值极小，必须令 $\dfrac{\partial Q}{\partial \lambda_i} = 0$，即

$$\frac{\partial Q}{\partial \lambda_i} = -2 \sum_{K=1}^{N} \left(Z_K - \sum_{i=1}^{n} \lambda_i \cdot E_{ik} \right) \cdot E_{ik} = 0$$

这样 λ_i 值可由下列联立方程组解出：

$$
\begin{aligned}
L_{11}\lambda_1 + L_{12}\lambda_2 + \cdots + L_{1n}\lambda_n &= L_{1z} \\
L_{21}\lambda_1 + L_{22}\lambda_2 + \cdots + L_{2n}\lambda_n &= L_{2z} \\
\vdots \qquad \vdots \qquad\qquad \vdots \qquad\quad \vdots \\
L_{n1}\lambda_1 + L_{n2}\lambda_2 + \cdots + L_{nn}\lambda_n &= L_{nz}
\end{aligned}
$$

式中：$L_{ik} = \sum\limits_{K=1}^{N} E_{ik} \cdot E_{jk}$（$i=1$，$2$，$\cdots$，$n$；$j=1$，$2$，$\cdots$，$n$）；$L_{iz} = \sum\limits_{K=1}^{N} E_{ik} \cdot L_k$（$i=1$，$2$，$\cdots$，$n$）。

（一）加法模型的求解

1. 以生物学产量为目标加法模型的求解

经整理得，紫花苜蓿敏感系数 K_i 见表 7–3。

表 7–3 紫花苜蓿敏感系数 K_i

生育期	苗期—分枝	分枝—现蕾	现蕾—初花
敏感系数 K_i	0.372	0.356	0.317

于是，以生物产量为目标的紫花苜蓿 Blank 模型可表示为：

$$\frac{Y}{Y_m} = 0.372\left(\frac{ET_1}{ET_m}\right) + 0.356\left(\frac{ET_2}{ET_m}\right) + 0.317\left(\frac{ET_3}{ET_m}\right)$$

（二）乘法模型的求解

1. 以追求生物学产量为最大值的敏感指数的求解

以追求生物学产量为最大值的紫花苜蓿敏感指数见表 7–4。

表 7–4 以追求生物学产量为最大值的紫花苜蓿敏感指数 λ_i

生育期	苗期—分枝	分枝—现蕾	现蕾—初花
敏感指数 λ_j	0.142	0.063	0.122

于是，大田紫花苜蓿水分生产函数为：

$$\frac{Y}{Y_m} = \left(\frac{ET_1}{ET_m}\right)^{0.142} \times \left(\frac{ET_2}{ET_m}\right)^{0.063} \times \left(\frac{ET_3}{ET_m}\right)^{0.122}$$

计算结果表明，$\lambda_1 > \lambda_3 > \lambda_2$，在分枝 – 现蕾期敏感指数最小，说明本阶段受旱对紫花苜蓿生物学产量影响最小。

2. 以追求子粒产量为最大值的敏感指数的求解

以追求子粒产量为最大值的紫花苜蓿敏感指数见表 7–5。

表 7–5　追求籽粒产量为最大值的紫花苜蓿敏感指数 λ_i

生育期	苗期—分枝	分枝—现蕾	现蕾—开花	开花—结荚	结荚—成熟
敏感指数 λ_i	–0.918	1.885	1.850	1.582	0.893

于是，大田紫花苜蓿水分生产函数为：

$$\frac{Y}{Y_m} = \left(\frac{ET_1}{ET_m}\right)^{-0.918} \times \left(\frac{ET_2}{ET_m}\right)^{1.885} \times \left(\frac{ET_3}{ET_m}\right)^{1.850} \times \left(\frac{ET_4}{ET_m}\right)^{1.582} \times \left(\frac{ET_5}{ET_m}\right)^{0.893}$$

第三节　苜蓿经济灌溉模式

一、地面灌溉条件下苜蓿经济灌溉定额的确定

在干旱缺水条件下，灌溉水源的水量不能满足全灌区灌溉面积上充分灌溉的需求，此时的耗水量或灌溉水量不应是作物产量与耗水量关系中相应的最高产量的水量，即不能追求单位面积的最高产量，而应根据作物产量与耗水量的关系，以经济效益最大或水分生产效率最高为目标，确定作物的耗水量与灌溉水量（即灌溉定额）。

（一）以经济效益最大来确定经济灌溉定额

考虑到单位面积耕地的农业投入（主要包括施肥、种子、机耕及收割费），水利工程投入、年运行费用既水费投入，单方灌溉水净收益可表示为：

$$N_e = \frac{1}{ET}(YP_Y - P_W - C - P_xW)$$

式中：N_e 为单方水净收益，元 $/m^3$；ET 为作物耗水量，m^3/hm^2；Y 为产量，kg/hm^2；P_Y 为作物单价，元 $/kg$；P_w 为单位面积工程年费用，元 $/hm^2$；C 为单位面积固定资源投入量，元 $/hm^2$；P_x 为灌水水费，元 $/hm^2$；W 为

灌溉供水量，m^3/hm^2，可按下式计算：

$$W=ET-P_e-S_e-\Delta W$$

为了使单方灌溉水纯收益最大，需使单方耗水的净收益对耗水量的一阶偏导数为零，即

$$\frac{\partial N_e}{\partial ET}=0$$

产量与耗水量的关系用下面二次抛物线关系表示：

$$Y=aET^2+bET+C$$

式中：a、b、c 为回归系数。

对本节第一个公式进行求导并整理，得到的经济耗水量的表达式为：

$$ET_e=\sqrt{\frac{c}{a}-\frac{C+P_W}{aP_Y}+\frac{P_x\left(P_e+S_g+\Delta W\right)}{aP_Y}}$$

由此可得到作物的经济用水灌溉定额为：

$$W_e=ET_e-P_e-S_g-\Delta W$$

如果灌区多年生苜蓿一年能收割三茬，第一茬生育期较长，且产量也较高，都分别占三茬总生育期和总产量的50%左右，一年生苜蓿由于根系不发达，生长缓慢，一年只能收割两茬。所以初花期收割的第一茬苜蓿的工程年费用占全年的50%左右。

根据苜蓿的调亏灌溉试验得到初花期刈割苜蓿的生物学产量与苜蓿耗水量的关系式为：

$$Y=-0.0029ET^2+17.67ET-18745$$

（二）以水分生产效率最高确定经济灌溉定额

水分生产效率（WUE）定义为每消耗 1 m^3 水所能生产的干物质产量，即 WUE=Y/ET。如产量与耗水量的关系用经济耗水量表达式表示，则水分生产效率 WUE 可用下式表示：

$$\text{WUE}=\frac{Y}{ET}=\frac{aET^2+bET+c}{ET}=aET+b+\frac{c}{ET}$$

若使水分生产效率 WUE 最高，可对上式求导，并令 d（WUE）/d（ET）=0，

则可整理得到水分生产效率最高时的经济耗水量计算公式：

$$ET_e = \sqrt{\dfrac{c}{a}}$$

$$W_e = ET_e - P_e - S_g - \Delta W$$

根据以上 2 个公式，可求得初花期收割苜蓿以水分利用效率为指标的经济耗水量和经济用水灌溉定额。

（三）以灌溉水利用效率最高确定经济灌溉定额

灌溉水利用效率（WUE）定义为每灌溉 1 m^3 水所能生产的干物质产量，即 WUE=Y/W_e。若产量与灌溉水量的关系用式 $Y=aW^2_e+bW_e+c$ 来表示，则水分生产效率 WUE 可用下式表示：

$$\mathrm{WUE} = \frac{Y}{W_e} = \frac{aW_e^2 + bW_e + c}{W_e} = aW_e + b + \frac{c}{W_e}$$

如使灌溉水利用效率 WUE 最高，可对上式求导，并令 d（WUE）$/d$（W_e）=0，则可整理得到灌溉水利用效率最高时的经济用水灌溉定额计算公式：

$$W_e = \sqrt{\dfrac{c}{a}}$$

在苜蓿调亏灌溉试验中得到了初花期产量与灌溉水量的关系为：

$$Y=-0.0021W^2_e+6.2229W_e+3310.7$$

经计算，初花期收割的苜蓿灌溉水利用效率最高时的经济灌溉定额为 1 255.6m^3/hm^2，比单方水收益最大的经济灌溉定额高 207.4m^3/hm^2，比水分生产效率最高的经济灌溉定额高 367m^3/hm^2，因此若取经济灌溉定额 W_e 为 1 200m^3/hm^2 时，不但灌溉水利用效率能达到较大值，而且基本上也能保证单方耗水净收益和水分生产效率达到较高的数值。

二、苜蓿优化灌溉制度

在干旱缺水条件下，由于水资源短缺，不能满足实行充分灌溉的要求，因此缺水灌溉条件下灌溉定额在生育期内的最优分配研究对有限水量获得最大农业效益具有重要指导意义。以上分析中，虽然确定了（追求地上部分生物量为目标时）苜蓿生育期内的经济灌溉定额，但是在非充分灌溉条件下，苜蓿减产程度随着不同生育阶段的缺水程度而异，水分亏缺历时越长，程度越大，对产量的影响也越大。因此，研究限额供水的灌溉制度问题，就是根据产量与各阶段耗水量的关系，在弄清苜蓿在不同生长时期缺水减产程度的基础上，对灌溉定额如何进行最优分配，以使苜蓿产量尽可能达到最大值。在这种情况下，遵循的一条总原则是灌好作物增产的关键水，即尽可能满足苜蓿需水临界期的需水要求。

优化灌溉制度是指在一定的灌溉供水量条件下，如何把该水量分配到各生育阶段，使产量达到最大。解决这个问题可以采取线性规划方法，也可以采取动态规划方法。

用线性规划法确定有限水量在苜蓿生育期内的最优分配，即确定非充分灌溉条件下优化灌溉制度的最简单方法，是将水分生产函数的加法模型，稍加变换转换成典型的线性规划问题，然后直接利用线性规划法求解。以 Blank 模型为例，变换法如下所述。

（一）模型的建立

将初花期收割苜蓿的生育阶段划分为 3 个阶段：返青—分枝、分枝—现蕾、现蕾—初花；

① 约束条件。灌溉定额的约束条件：

$$\sum_{i=1}^{n} X_i \leq M$$

第 i 阶段灌水定额的约束条件：

$$m_{\min} \leq X_i \leq m_{\max} \quad \text{或} \ X_i=0$$

第 i 阶段实际耗水量的约束条件：

$$W_{\min i} \leq ET_i \leq ET_{mi}$$

各生育阶段满足正常发育的土壤含水量的上下限约束：

$$W_{\min i} \leq W_i \leq W_{\max i}$$

水量平衡方程约束：

$$W_{i+1}=W_i+P_i+S_i-ET_i$$

式中：X_i 为第 i 个阶段的灌水定额；W_i、W_{i+1} 为第 i 个生育阶段始、末的土壤含水量值；ET_i 为第 i 阶段实际耗水量；P_i 为苜蓿在第 i 阶段的有效降水量；S_i 为第 i 阶段的地下水补给量；$W_{\min i}$ 和 $W_{\max i}$ 分别为苜蓿在第 i 阶段维持作物正常生长的最低含水量和土壤湿润层最高田间持水量；ET_{mi} 为苜蓿在第 i 生育阶段的理论最大腾发量。

②目标函数如下。

$$\max\left(\frac{Y_a}{Y_m}\right)=\sum_{i=1}^{n}K_i\left(\frac{ET_i}{ET_{mi}}\right)$$

（二）模型的化简与转化

为了便于计算，我们假定前一阶段初和后一阶段初的土壤含水量大体相等，即不考虑土壤储水量的影响。令

$$ET_i = P_i + S_i + X_i$$
$$b_i = K_i / ET_{mi}$$
$$B = \sum_{i=1}^{n}K_i\frac{P_i+S_i}{ET_{mi}}$$

将上面三式代入原线性规划问题，经整理后得到的目标函数为：

$$\max\left(\frac{Y_a}{Y_m}\right) = B + b_1X_1 + b_2X_2 + \cdots + b_nX_n$$

约束条件：

$$\begin{cases} X_i \leq ET_{mi}-P_i-S_i \\ X_1+X_2+X_3+\cdots+X_n=M \\ m_{\min} \leq X_i \leq m_{\max} \\ X_1, X_2, \cdots, X_n \geq 0 \end{cases}$$

（三）模型的求解

苜蓿种植的主要目的是以收获牧草营养体为主，因此初花期刈割的苜蓿（以种草为目的）只有 3 个生育阶段，即出苗（返青）—分枝；分

枝—现蕾；现蕾—初花 3 个阶段。模型的求解如下。

初花期收割苜蓿灌溉定额的最优化分配模型的求解。

灌溉定额条件约束：

$$X_1+X_2+X_3 \leq 1\ 200$$

水量平衡方程约束：
$$\begin{cases} X_1 \leq 1\ 375.5 \\ X_2 \leq 945 \\ X_3 \leq 634.5 \end{cases}$$

灌水定额条件约束：
$$\begin{cases} 0 \leq X_1 \leq 832.5 \\ 0 \leq X_2 \leq 832.5 \\ 0 \leq X_3 \leq 832.5 \end{cases}$$

将上述条件整理后的线性规划问题：
$$\begin{cases} X_1 \leq 832.5 \\ X_2 \leq 832.5 \\ X_3 \leq 634.5 \\ X_1+X_2+X_3 \leq 1\ 200 \\ X_1, X_2, X_3 \geq 0 \end{cases}$$

$f(x)=\max\ (\ Y_a/\ Y_m\ )=0.228\ 7+0.003\ 84X_1+0.004\ 29X_2+0.004\ 59X_3$

用单纯形表法解得最优目标值为 0.585，各阶段的灌水量见表 7–6。对理论灌水量进行必要修正后得实际灌水量。

表 7–6　初花期收割苜蓿经济灌溉定额的最优分配结果（ m^3/hm^2 ）

生育阶段	返青—分枝	分枝—现蕾	现蕾—初花
理论灌水量	0	565.5	634.5
实际灌水量	0	600	600

第四节　动态规划方法求解

动态规划是把一个复杂过程分成不同阶段，按一定顺序，逐次求出每阶段的最优决策，从而求得整个系统最优决策的方法。其理论根据是 R. E. Benman 提出的最优化原理，即"一个多阶段决策过程的最优策略具有这样的性质，即无论初始状态和初始决策如何，对于由前面的决策所造成的状态来说，其后各阶段的决策序列必须构成最优策略"。

把动态规划应用到灌溉过程的最优策略求解上来，首先要把灌溉过程分成若干阶段。在我们分析的苜蓿灌溉问题中，过程就是苜蓿的灌水时期，该过程如前所述，共分成五个阶段。对于每个阶段，可以用与决策问题有关状态来进行描述。在灌溉各阶段中，影响灌溉决策的状态主要是两个，一是土层中有效水分含量，二是在该阶段初的可供水量。对于每个阶段来讲，都要求确定一个最优决策。对每个灌溉阶段，这个决策就是是否灌水以及灌多少水。显然，这个决策的结果与状态是密切相关的，也就是取决于该阶段土壤含水量以及该阶段初尚有多少可供灌溉的水量。由各阶段的决策序列就组成了该过程的策略。而衡量该策略的优劣的标准就是目标函数，在寻求最优灌溉策略时，目标应是使产量水分函数取最大值。

一、参数与变量

结合灌溉最优决策问题具体分析动态规划中各个参数与变量如下。

（一）阶段

苜蓿一般都在初花期收割，在这种情况下可将苜蓿分为三个生育阶段，即出苗（返青）—分枝；分枝—现蕾；现蕾—初花三个阶段。

（二）状态

如上所述，灌溉各阶段可以用两个状态来描述。首先是土壤水分状态。田间土壤含水量上限是田间最大持水量 W_H，含水量大于此值，将发生深层渗漏；为维持生命，土壤含水量不应低于枯萎点 W_w，因此土壤含水量的可能范围是区间 $[W_w, W_H]$，而充分供水区间为 $[W_L, W_H]$，其中 W_L 为适宜土壤含水量下限，而（W_w, W_L）则为水分亏缺区间。可以把 $[W_w, W_H]$ 按一定差值离散成若干个可能状态。差值愈小，状态数愈多，对阶段的描述愈精细，但计算工作量将大大增加。其次是可供水量状态。某一阶段初的可供水量等于灌溉定额减去该阶段以前的已用水量。理论上可供水量取值可以有无穷多个，但实际上，一次灌水定额常为某个定值，因此可供水量可取灌水定额的整数倍。各阶段的状态变量之间有一定关系，是由状态转移方程确定的。对土壤水分状态，则有：

$$W_{i+1}=W_i+R_i+G_i+d_im-ET_i$$

式中：W_{i+1}，和 W_i 分别为 $i+1$ 和 i 阶段初的土壤含水量；R_i 和 C_i 为 i 阶段中降雨量和地下水补给量或地下水的深层渗漏量；m 为一次灌水定额；d_i 为 i 阶段的灌水次数；ET_i 是 i 阶段的实际耗水量，它的确定可采用以下公式。

当 $W=W_i+R_i+G_i+d_im-ET_{mi} \geqslant W_L$ 时：

$$ET_i=ET_{mi}$$

当 $W_L>W>W_w$ 时：

$$ET_i = ET_m \left[\frac{W-W_w}{W_L-W_w} \times \frac{W_L-W}{ET_m} + \frac{ET_m-(W_L-W)}{ET_m} \right]$$

当 $W<W_w$，令 $X = \dfrac{W_i+R_i+G_i+d_i \times m}{ET_{mi}+W_L}$，则可用下面公式 ($R_2=0.824$, $n=16$) 求得

$$ET_i = \left(-1.529X^2 + 3.089\ 4X - 0.675\ 4 \right) ET_{mi}$$

对于可供水量的状态转移方程，有：

$$M_{i+1}=M_i-md_i$$

式中，M_{i+1} 和 M_i 为 $i+1$ 和 i 阶段处的可供水量。

（三）决策

每个灌溉阶段都可以有一系列可能的决策，或称允许决策，形成一个

决策集，在决策集中有一个或几个为最优决策。由于决策是在一定状态条件下提出的，因此决策往往写成状态的函数 d_i（S_1, S_2, …, S_K），其中 S_1, S_2, …, S_k 为 K 状态变量。

（四）目标函数

经过 i 阶段的决策，从 i 状态转移到 $i+1$ 状态，同时产生一个阶段效益。各阶段效益的总和就得到全过程的效益。在灌溉过程中，阶段 i 对产量的贡献 b_j 可以用不同的模型求得。

对 Blank 模型，有

$$b_i = K_i \left(\frac{ET}{ET_m} \right)_i$$

对 Jensen 模型，有

$$b_i = \left(\frac{ET_i}{ET_{mi}} \right)^{\lambda_i}$$

如前所述，要求得全过程的最优效益，应逐阶段进行，一般采用自末阶段开始的逆向递推的方法，根据最优化原理，可以得到效益连续转移的递推方程如下。

对 Blank 模型，有：$f_i(s_i) = \max[b_i(s_i, d_i) + f_{i+1}(s_{i+1})]$

对 Jensen 模型，有：$f_i(s_i) = \max[b_i(s_i, d_i) + f_{i+1}(s_{i+1})]$

式中：f_{i+1}（s_{i+1}）、（s_i）是 $i+1$、i 阶段对应于状态 s_i 及决策 d_i 下的指标函数（或称报酬函数）。

对最后阶段第五阶段，应把可供水量全部用完。因此，对一定状态，有唯一的最优决策 $d_5 = M_5/m$，其中 M_5 为第 5 阶段初的可供水量。假定一系列的可能状态，土壤含水量取 [W_w, W_m] 中 K 个数值，其中 $K = \dfrac{W_m - W_w}{\Delta W}$，$\Delta W$ 为离散增值，在算例中取近似 225 m^3/hm^2。可供水量取 M, $M-m$, $M-2m$, …, 0，共 L 个数值。对这两个状态的 K_L 各组合分别求值，此时 f_5（W_5, M_5）$=b_5$（W_5, M_5, d_5）。对第四阶段，再假设一系列状态（同样有 K_L 个），对每一个状态，计算决策 d_4 取 0, 1, 2, …, M_4/m 时相应的 b_4（W_4, M_4）。根据状态转移方程，可算得相应的 W_5，再按照第一步计算结果，查得相应的 f_5。再按照以上效益连续转移递推方程求不同 d_4 时 f_4（W_4, M_4）值，从中得到最大的 f4*（W_4, M_4）及相应最

优决策 d_4*（W_4，M_4）。

在向前计算第三、二各阶段直至第一阶段，可得到在不同状态（W_i，M_i）下最优目标函数值及相应的最优决策，至反向递推完成。

将经济灌溉定额作为第一阶段初的可供水量状态 M，并同时根据试验资料选定一个初始含水量 W_1，有了这两个状态即可从反向递推所得结果查取第一阶段最优决策 d_1* 及最优目标函数值 b_1*。然后用状态转移方程求得第二阶段初的状态 W_2、M_2，再查取相应的 d_2*、b_2*。这个过程一直进行到第五阶段，成为正向递推。可得到最优策略（d_1*，d_2*，d_3*，d_4*，d_5*）及最优目标函数值（b_1*，b_2*，b_3*，b_4*，b_5*），由后者可以得到整个过程的最优目标函数值 f_i*。这就得到了苜蓿各生育阶段的最佳灌水次数，也得到了在这种灌水策略下的产量。

根据土壤含水量平衡方程，依据初始土壤含水量 W_1 以及第四步所得到最优策略（d_1*，d_2*，d_3*，d_4*，d_5*）等数据，可算得苜蓿收割后土壤含水量。因为紫花苜蓿属多年生牧草，如果苜蓿一年可收割三茬，所以第一茬收割后的土壤含水量高低直接影响到下一茬的正常生长。所以对于牧草来说，经济灌溉定额在生育期内的最优分配不仅应追求上茬苜蓿的相对产量达到最大值，而且还应考虑上一茬收割后土壤含水量高低对下一茬苜蓿生长的影响。

二、苜蓿经济灌溉定额实例

以灌区苜蓿种植为例，各项参数取值如下：容根层深度平均取 100 cm，W_M 取 19.8 %，容重 1.4t/m³，W_m 为 2 775m³/hm²，W_L 取 0.65W_m，为 1 800m³/hm²，W_w 取 9 %，为 1 110m³/hm²，ΔW 取 225 m³/hm²，土壤含水量离散为 8 个状态。灌溉定额 3 000 m³/hm²，一次灌水定额 600m³/hm²。初始含水量根据实际资料统计，在苗期初期为 18.2 %，2 550m³/hm²。将上述参数值代入以下 5 个步骤，即可求得经济灌溉定额的最优分配结果，见下表 7–7。

表 7-7　经济灌溉定额的动态规划法最优分配结果

灌溉定额	Blank 模型			Jensen 模型		
（m³/hm²）	各阶段灌水次数	相对产量	收获后土壤含水量	各阶段灌水次数	相对产量	收获后土壤含水量
（初花期）1200	0/1/1 1/1/0	0.813 0.832	11.81% 10.73%	1/0/1	0.958	11.5%

可以看出，根据 Blank 模型和 Jensen 模型所求得的初花期收割苜蓿灌溉定额的最优分配结果有较大出入，其主要原因是两种模型的敏感系数和敏感指数的变化规律有所不同。

初花期收割苜蓿用动态规划法进行最优分配时，不仅应考虑使相对产量达到较大值，还应考虑收割后土壤含水量的高低，因为前一茬苜蓿收割后土壤含水量的高低直接影响到后一茬苜蓿初始生长速度。因此，在相对产量相差不大的情况下，收割后土壤含水量的高低成为最优决策时应考虑的重要因素。在表 7-7 中，初花期苜蓿以 Blank 模型为目标函数的动态规划最优结果往往选取第二种优化方案。

第八章　苜蓿耐旱生理研究案例

第一节　内源 ABA 生理作用与
苜蓿耐旱性

随着全球性气候的变化、土壤沙化和盐渍化以及水资源短缺等生态问题日益严重，干旱已经成为制约农业发展的主要因素。据统计，目前世界上 1/3 的可耕地处于供水不足的状态，我国干旱、半干旱地区约占国土面积的 1/2，即使在非干旱的主要农业区，也不时受到旱灾侵袭。通过对玉米（*Zea mays* Linn.）、水稻（*Oryza sativa* Linn.）、拟南芥（*Arabidopsis thaliana* L.）、烟草（*Nicotiana tabacum* Linn.）等植物进行研究，人们逐渐发现，在植物响应干旱胁迫的过程当中，脱落酸（ABA）发挥着极其重要的调控作用。植物在受到干旱胁迫时体内 ABA 含量会上升，并以此调控气孔关闭，从而减少机体水分的丧失；同时，ABA 还可以通过其他途径影响植物生理代谢，增强植物对干旱的耐受性。

紫花苜蓿（*Medicago sativa* L.）因其高产和营养丰富，尤其是蛋白质含量高，被誉为"牧草之王"，是世界上广泛种植的牧草，近年来在中国的种植面积也在不断增长，但干旱对草产业造成了极大的威胁。干旱胁迫使苜蓿叶片的气孔导度下降，光合作用受到抑制，生长变得缓慢甚至停止，牧草产量及其营养组分受到明显影响。苜蓿对干旱的生理生化响应主要是渗透调节物质的增加和抗氧化酶活性的增加。随着干旱程度的加剧，植物体内脯氨酸含量、可溶性糖含量、氨基酸含量、丙二醛含量和超氧化物歧化酶活性明显上升。在筛选抗旱品种的研究中，选用合适的抗旱指标是准确筛选的关键前提。已有研究表明，根冠比、根系长度/植株高度、地下生物量胁迫指数、根冠比胁迫指数等根系指标对评价苜蓿抗旱性的参考价值较大，而 ABA 在调控干旱胁迫下渗透物质积累，活性氧代谢以及维持根的生长等方面都扮演着十分重要的角色。但是，在苜蓿上有关 ABA 与耐旱性关系的研究非常少。本节阐明了干旱胁迫下 ABA 的生理作用、合成部位、合成与代谢过程以及信号转导途径，并对紫花苜蓿的耐旱的生理生化和分子方面的响应进行综述，为今后苜蓿耐旱机理的研究和生产应用提供参考。

一、脱落酸的合成与代谢

（一）脱落酸的主要合成部位

植物感受到干旱胁迫刺激后 ABA 合成积累主要在哪些部位发生，相关的研究结果并不十分一致。在植株整体水平上，一种观点认为，发生干旱胁迫时 ABA 首先在根部合成，并作为长距离信号调控气孔行为。1985 年，Blackman 和 Davies 通过玉米幼苗的分根实验提出了根冠通讯理论，认为干旱时根部产生化学信号并向上传导至叶片，同时观察到了根部 ABA 水平的升高；之后又有研究表明气孔导度下降伴随着木质部汁液 ABA 浓度上升，这些都说明干旱条件下气孔关闭可能是来自于根源的 ABA 信号。根冠通讯理论的支持者必然要面对根源信号传输的问题。有研究表明，干旱胁迫发生后根部维管组织中 ABA 含量增高，并通过维管束向上运输。如胶体金免疫电镜技术和酶联免疫（ELISA）研究表明，蚕豆（*Vicia faba* Linn.）和花生（*Arachis hypogaea* Linn.）在水分充足或是水分胁迫的情况下，根部和叶片 ABA 均主要分布在维管组织区域，但在水分胁迫下维管组织的 ABA 含量更高。Diego 等对 ABA 进行免疫定位的结果也表明，干旱复水后，松树针叶内 ABA 主要分布在维管束内，少量存在叶肉内；根部 ABA 则主要分布在外皮层；而水分胁迫时，针叶内的 ABA 严格分布在保

卫细胞内，与气孔关闭现象吻合。这些结果都暗示维管组织可能在 ABA
信号控制中处于支配地位。然而，一些研究不支持以上观点。Ikegami 等
发现，在干旱处理后离体叶片中 ABA 增加的方式与在体叶片相似，而且
在干旱处理 4 h 后离体根中的 ABA 水平也没有明显变化。这暗示 ABA 主
要在叶片中合成。^{13}C 同位素示踪实验也证明叶片中合成的 ABA 在干旱胁
迫下可以被运输到根部。以上结果表明了在遭遇干旱胁迫时 ABA 合成与
分布的复杂性。

在细胞水平和亚细胞水平上，据 Pastor 等报道，当水分充足时，ABA
在细胞壁、细胞质、细胞核以及叶绿体内分布差异不显著，即在细胞内均
匀分布。干旱胁迫时，细胞壁、细胞核和叶绿体的 ABA 水平分别上升了 4、
3 和 2 倍，而 van Rensburg 等的结果则显示叶绿体内的 ABA 含量不增加。

（二）脱落酸的合成与代谢通路

ABA 属于萜类化合物，包含三个异戊烯单位。植物体内的萜类化合
物均由异戊烯基二磷酸（isopentenyl pyrophosphate, IPP）参与合成。在
高等植物体内存在着两种合成 IPP 的途径——甲羟戊酸（mevalonic acid,
MVA）途径和 2- 甲基 -D- 赤藓糖醇 -4- 磷酸（2-C-methyl-D-erythritol-4-phos-
phate，MEP）途径。首先，通过 MEP 途径产生 IPP，进而合成 C_{40} 前
体——类胡萝卜素，类胡萝卜素通过裂解氧化形成 ABA。ABA 与类胡萝
卜素的关系已经由 ^{18}O 同位素标记试验、营养缺陷体遗传学分析以及生化
试验证实。类胡萝卜素裂解氧化的过程在拟南芥中研究的最为透彻。玉
米黄素环氧化酶（zeathanxinepoxidase, ZEP）（在拟南芥中由 ABA1 基因
编码，在烟草中由 ABA2 基因编码）催化玉米黄素（zeaxanthin）转化为黄
素（violaxanthin）；堇菜黄素可能先形成新黄素再异构为 9- 顺 - 新黄素
（9-cis-neoxanthin），也可能直接异构为 9- 顺 - 黄素（9-cis-violaxanthin）；9-
顺 - 环氧类胡萝卜素氧化酶（9-cis-epoxycarotenoid dioxygenase, NCED）
进一步催化 9- 顺 - 新黄素或 9- 顺 - 黄素产生黄氧素（xanthoxin），黄氧
素在短链乙醇脱氢酶（ABA2）的作用下转化为脱落酸醛，最后，钼辅因子
（molybdenum cofactor sulfurase）激活脱落酸醛氧化酶（ABA-aldehydeoxidase,

AAO）将脱落酸醛氧化生成 ABA，以上的每一步反应，只有催化黄素转变为9–顺–新黄素或9–顺–黄素产生黄氧素的酶尚未得到突变体的证实，催化其他步骤的所有酶均在拟南芥突变体中得到证实，个别酶在番茄（Lycopersicon esculentum Linn.）、烟草、玉米、水稻和烟草突变体中得到证实，具体见表8-1。所有这些酶中 NCED 所催化的反应步骤可能为 ABA 合成途径中的限速步骤。最近在转录水平上的研究显示，拟南芥在受到水分胁迫时，PSY（phytoene synthase）基因的转录水平与合成 ABA 相关酶的基因转录水平协同性很高，这暗示该基因与胡萝卜素前体的合成密切相关。Ruiz–Sola 等进一步研究发现，ABA 处理后 PSY 表达上调，胡萝卜素和 ABA 的水平上升，药理学阻断胡萝卜素合成途径后，ABA 水平下降，说明 PSY 不仅对 ABA 合成有关，而且其表达受外源 ABA 的诱导，同时这种上调反应只是特异性地在根中进行。Ruiz–Sola 等的结果同时表明诱导调控 ABA 合成的途径可能并不唯一。不仅干旱胁迫可以诱导 ABA 合成酶系基因的表达上调，葡萄糖也可以诱导拟南芥的 ABA 合成途径中 ZEP、AAO3、ABA3 基因表达，但 NCED 的表达不受葡萄糖的诱导。同时，

表 8-1　不同物种中编码 ABA 合成相关酶的基因

合成 ABA 相关酶	物种	基因
玉米黄素环氧化酶 ZEP	拟南芥 Arabidopsis thaliana	Ataba1/npq2/los6
	烟草 Nicotiana tabacum	Npaba2
	水稻 Oryza sativa	Osaba1
9–顺–环氧类胡萝卜素氧化酶 NCED	玉米 Zea mays	vp14
	番茄 Lycopersicon esculentum	Notabilis
	拟南芥 Arabidopsis thaliana	Atnced3
短链乙醇脱氢酶 ABA2	拟南芥 Arabidopsis thaliana	Ataba2/gin1/isi4/sis4
脱落酸醛氧化酶 AAO3	番茄 Lycopersicon esculentum	Sitiens
	拟南芥 Arabidopsis thaliana	aao3
钼辅因子 MoCo	番茄 Lycopersicon esculentum	flacca
	拟南芥 Arabidopsis thaliana	Ataba3/los5/gin5

某些研究也暗示着施用 ABA 可以促进 ABA 自身的合成，这说明 ABA 对其自身的合成可能具有正反馈调节作用。

干旱胁迫条件下，除了 ABA 的合成，植物体内 ABA 的积累还与 ABA 的降解和失活密切相关。目前，催化 ABA 降解的基因还没有被分离鉴定。生化实验暗示一种细胞色素 P450 单氧酶催化 ABA 氧化降解的第一步，将 ABA 羟基化为 8-OH-ABA，然后异构为红花菜豆酸（phaseic acid, PA），并最终被还原为没有活性的二氢红花菜豆酸（dihydrophaseic acid, DPA）。该酶在拟南芥中由 CYP707As 基因编码。植物受到 ABA、脱水和复水处理后，该基因的表达量增高。ABA 还可通过糖基化失去活性。另外，ABA 可以通过根渗漏到土壤中，至于土壤中的 ABA 对植物的生长有无影响，相关研究极少。

二、脱落酸的生理作用机制

（一）胁迫激素及其作用

作为一种重要的植物激素，ABA 不仅参与抑制种子萌发、促进休眠、抑制生长、促进叶片衰老脱落、调节花期和果实成熟等多个植物生长发育过程，而且 ABA 作为胁迫激素还参与植物对外界胁迫刺激的响应。很多研究也表明 ABA 参与对干旱胁迫的响应。不同植物的 ABA 缺失突变体研究也证明了这点。从目前的研究来看，ABA 在植株受到干旱胁迫时所做出的响应和所起的作用主要表现在两个方面，即控制水分平衡和提高细胞耐受性。ABA 控制植物水分平衡主要通过调控气孔开度来实现的，一方面抑制气孔的开放，另一方面促进气孔的关闭。这一过程在干旱胁迫发生后较短时间内发生。同时 ABA 通过信号转导，诱导调控一些基因表达，合成渗透调节物质（如脯氨酸和甜菜碱等）、功能蛋白（如胚胎晚期表达蛋白等）和调节蛋白（包括蛋白激酶、转录因子、磷脂酶等）。这一过程相对前一过程较慢。也有研究表明，胁迫发生时老叶产生的 ABA 会调节新生叶片气孔的发育，增加气孔密度，从而使植物适应干旱环境。最近，

Yusuke 等通过对烟草 ABA 缺陷体（aba1）的研究发现，叶片 ABA 还会降低烟草叶肉细胞导度。叶肉细胞导度降低可以降低光合速率，同时也就减少了水分的消耗。

（二）脱落酸受体

目前报道了三种与胁迫相关的 ABA 受体：CHLH 蛋白、GPCR（GCR2/GTG1/GTG2）和 RCARs/PYR1/PYLs。2006 年，Shen 等报道镁离子螯合酶 H 亚基（Mg-chelatase H subunit, CHLH）是 ABA 受体，并能与 ABA 结合形成 ABAR/CHLH 复合体，引起一系列相关基因的表达。Tsuzuki 等研究发现 CHLH RNAi 植株和镁离子螯合酶 I 亚基敲除植株对 ABA 均不敏感，因此推测镁螯合酶可能以整体形式参与调控气孔的运动；但放射性标记 ABA 试验结果显示 CHLH 并没有结合 ABA，所以认为 CHLH 不是 ABA 受体。Müller 等发现 CHLH 在大麦（*Hordeum vulgare* Linn.）中的同源蛋白 XanF 也不能与 ABA 结合，其突变体对 ABA 信号应答相关表型与野生型一致。因此，CHLH 蛋白是否为 ABA 受体还有待于进一步的研究确定。

Liu 等报道的 G 蛋白偶联受体 GCR2 以及 Pandey 等报道的另外 2 种的 G 蛋白偶联受体 GTG1 和 GTG2 都疑似为 ABA 受体。但 Johnston 等通过生物信息学的方法预测 GCR2 不是一种跨膜蛋白，更不是一种 G 蛋白偶联受体，而是一种细菌羊毛膜合成酶同源蛋白，同时 GTG1 和 GTG2 与 ABA 的结合率很低，因此 GCR2 的 ABA 受体地位受到质疑。

RCARs/PYR1/PYLs 家族作为 ABA 受体已经得到鉴定，其调控 ABA 经典应答反应的机制如下：ABA 响应元件为 ABRE（ABA responsive element），受 ABA 响应元件结合因子 ABFs（ABA responsive element binding factors）的调控。ABI5 属 ABFs，其功能的发挥还需要 ABI3 的辅助作用，属共激活子。拟南芥中介子亚单位 MED25（MEDIATOR25）能够结合于 ABI5 靶基因启动子区与 ABI5 之间，从而抑制 ABI5 调控基因的表达。ABI4 为 CE 反式作用因子，与 CE 顺式作用元件相互结合。ABI3，ABI4 和 ABI5 共同作用执行 ABA 应答反应，然而 ABFs 需要磷酸化才能有活性，它由磷酸化的 SNF1 相关蛋白激酶 SnRK2（SNF1-related protein kinase 2）执行。SnRK2 本身能够进行自我磷酸化，由于 PP2Cs 家族中一些成员（如 ABI1）的结合使其去磷酸化而失去活性，导致 ABA 应答基因不能够正常转录。即正常生长条件下，PP2Cs 家族中一些成员（如 ABI1）与 SnRK2 结合使其去磷酸化而失去活性；失活的 SnRK2 不能将 ABFs 磷酸化，ABFs 便没有活性，不能执行 ABA 应答反应。渗透胁迫下，植物体产生的 ABA 与其受体 RCARs/PYR1/PYLs 结合后，又和 PP2Cs 结合，形成 RCARs/ABA/PP2Cs 三元复合物，PP2Cs 便脱离 SnRK2，SnRK2 恢复活性，将 ABFs 磷酸化，从而启动 ABA 应答反应。RCARs/ABA/PP2Cs 三元复合物与气孔开放因子（open stomata 1，OST1）激酶结合执行 ABA 应答反应。OST1 在 ABA 调控气孔开闭过程中的作用非常关键，是重要的限制因素。OST1 激酶既控制 S 型阴离子通道 SLAC1，也控制 R 型阴离子通道 QUAC1。在拟南芥中，ABA 通过一系列的信号反应，最终通过 OST1 调控保卫细胞膜上的这两种离子通道来调节保卫细胞渗透压，是实现气孔开闭调节的重要途径之一。

（三）脱落酸控制气孔关闭的信号转导

1. 脱落酸与钙离子信号

保卫细胞内钙离子浓度与气孔关闭行为密切相关，ABA 可引起保卫细胞内钙离子浓度变化。采用激光共聚焦显微镜技术观察到的结果是，气孔关闭前 ABA 可引起胞内钙离子浓度的明显升高；用膜片钳技术观察到的结果是，ABA 可使胞内钙离子浓度瞬间升高，之后则忽高忽低的振荡。同时有证据表明 ABA 可激活保卫细胞质膜钙离子通道。钙离子通道激活后可使钙离子内流，同时抑制钙离子外流。Lee 等用 ABA 处理蚕豆保卫细胞后，10 s 内 IP$_3$ 浓度迅速增加，并呈现类似钙离子的震荡现象。IP$_3$ 可激活液泡膜钙离子通道，而液泡被认为是细胞内钙库。另外，cADPR（cyclic adenosine5p-diphosphate ribose）也可以使细胞内钙离子浓度升高。因此，钙离子、IP$_3$ 和 cADPR 都可能是 ABA 介导气孔关闭的第二信使，ABA 可能通过多种途径使胞内钙离子浓度增加。钙离子浓度升高会抑制细胞质膜钾离子内流通道，同时激活氯离子外流通道，导致保卫细胞渗透势下降，气孔关闭。

2.脱落酸与过氧化氢和一氧化氮信号

1996 年，McAinsh 等发现外源 H_2O_2 可使细胞质钙离子浓度升高并且导致气孔关闭。苗晨雨等的试验也得出了相同的结论。H_2O_2 调控气孔关闭的作用可以被钙离子螯合剂 EGTA 所抑制，证明钙离子在 H_2O_2 的下游参与信号转导。至于 ABA 是如何诱导 H_2O_2 产生的，相关研究不多。在蚕豆中 NADPH 氧化酶是调节保卫细胞 H_2O_2 产生的关键酶。Mustilli 等研究表明，拟南芥 OST1 蛋白激酶突变抑制了 ABA 诱导的气孔关闭。在拟南芥 ost1 突变体中，ABA 不能诱导 ROS 的产生，而用 H_2O_2 处理该突变体保卫细胞却能诱导气孔关闭。因此，OST1 激酶可能与 ABA 诱导 ROS 的产生有关。分裂原蛋白激酶（mitogen-aetivated protein kinase, MAPK）也可能起到了一定作用。MAPK 抑制剂 PD098059 可以抑制或逆转 ABA 或 H_2O_2 诱导蚕豆气孔关闭的效应；用 PD098059 预处理蚕豆叶片后，ABA 就不能促进 H_2O_2 产生。这些都表明 MAPK 可能参与了 ABA 调控产生 H_2O_2 的过程。

NO 也可以在 ABA 诱导下产生，在一些植物（如蚕豆）中 NO 是诱导气孔关闭所必需的。在拟南芥中 NO 的产生依赖于 H_2O_2 水平的升高；在蚕豆和鸭跖草（Commelina communis）中，H_2O_2 能够诱导保卫细胞 NO 的产生，这种作用可被 NO 清除剂 carboxy PTIO（c-PTIO）和 NOS 抑制剂 L-NAME 所阻断。暗示 H_2O_2 可能通过 NOS 途径诱导 NO 的产生。NO 激活质膜外向 K^+ 通道促进 K^+ 外流，同时抑制内向 K^+ 通道阻止 K^+ 内流，两种途径共同作用抑制气孔开放。

（四）ABA 调控的胁迫相关基因表达

目前，已知 150 余种植物基因可受外源 ABA 的诱导。Campbell 等从小麦中已克隆出 2 种 cDNA，即 TaHsp101B 和 TaHsp101C，它们能编码由高温、脱水和 ABA 诱导的热休克蛋白。p5cR 是逆境胁迫下植物合成脯氨酸的主要酶，Yoshiba 等报道 ABA 能诱导 p5cs 基因的表达，促进脯氨酸的合成，缓解水分胁迫。Seki 等在拟南芥鉴定了 245 个 ABA 诱导基因，299 个干旱诱导基因，在 245 个 ABA 诱导基因中，有 155 个基因（占 ABA 诱导基因的 63%）能被干旱诱导。这些结果说明，在干旱胁迫过程中，ABA 参与了大量的基因调控。

三、ABA 与苜蓿耐旱性关系研究进展

目前，有关苜蓿耐旱性的研究主要集中在耐旱指标及耐旱品种的筛选，渗透调节物质和抗氧化酶等生理生化响应，干旱对固氮活性的影响，以及利用各种手段包括转基因来提高苜蓿抗旱性等方面。而关于 ABA 与苜蓿耐旱机制方面的研究还很少。现将已有的研究结果从如下 4 个方面进行总结。

（一）干旱胁迫下苜蓿体内脱落酸含量变化

任敏等，韩瑞宏等和 Ivanova 等对水分胁迫下紫花苜蓿体内 ABA 的代谢变化进行了研究，和其他植物一样，受到干旱胁迫时紫花苜蓿体内 ABA 水平也升高。Ivanova 等用 PEG 处理了具有不同耐旱性紫花苜蓿的离体叶片，并测量了不同处理时间下叶片内 ABA 浓度，结果表明耐旱品种能够在较长的时间内维持高水平的 ABA，而干旱敏感的品种只出现短暂的升高。李源等考察了 3 份胶质苜蓿（Medicago glutinosa）在干旱胁迫下 ABA 的含量变化，结果和紫花苜蓿中的情况一样，上升幅度和变化趋势均存在品种特异性。

（二）脱落酸与紫花苜蓿主根贮藏蛋白（VSP）

VSP（vegetative storage protein）是苜蓿和白三叶（Trrifolium repens L.）等多年生牧草中用于氮贮存的一类蛋白质，苜蓿主根内主要存在分子量分为 57, 32, 19 和 15 kDa 的四类蛋白。在秋季或早冬，苜蓿主根内的 VSP 合成增加，将氮素贮存起来，第二年返青时，这些贮藏蛋白可用于地上部的再生，同时主根内的 VSP 含量下降。水分胁迫可以诱导苜蓿主根内 VSP 含量升高，而根部贮藏物质含量的增加有利于胁迫过后植株的再

生生长。用不同浓度（1，5，10，20 μmol/L）的 ABA 处理也可诱导 VSP
含量的升高，其中 32 kDa VSP 对 ABA 的响应程度最高，在 ABA 处理的 6
d 内，32 kDa VSP 的基因表达水平连续升高，同时主根内可溶性蛋白的含
量没有任何显著变化。以上这些证据表明，ABA 在水分胁迫下苜蓿体内
干物质的分配方面可能有特殊作用。

（三）脱落酸与蒺藜苜蓿（*Medicago truncatula*）的水分胁迫响应

通过对转录组的分析来了解生物体内基因表达的信息是近年来人们研
究的热点。蒺藜苜蓿作为新的豆科模式植物，其在遭遇水分胁迫时的基因
表达特征对豆科植物尤其是紫花苜蓿耐旱性的研究意义重大。Zhang 等对
水分胁迫下的蒺藜苜蓿进行了转录组的分析：在水分胁迫早期，根部和地
上部控制 ABA 生物合成的 2 个 ZEP 基因被诱导表达；胁迫后第 3，4 天，
根部被诱导表达的 ZEP 基因数量增加到 5 个，之后表达量下降；同时，
第 3 天后有 3 个 NCED 基因也被诱导表达量开始上升直至第 10 天。这一
结果暗示了 ABA 是水分胁迫下调控苜蓿生理响应的信号分子。随后研究
结果则进一步证实了这一点，Planchet 等对刚萌发的蒺藜苜蓿幼苗进行了
PEG 处理和 ABA 处理，通过与对照对比来研究植株氮代谢对水分胁迫和
ABA 的响应。研究结果显示，PEG 模拟的水分胁迫可以诱导脯氨酸和天
冬氨酸的积累，而 ABA 处理可以达到相同的效果。同时，水分胁迫下氮
代谢的调节也有不依赖 ABA 的途径，如水分胁迫可以诱导谷氨酸盐代谢
酶和天冬氨酸合成酶基因的上调，施用 ABA 则不能实现。Planchet 等进
一步研究发现水分胁迫下 ABA 诱导苜蓿体内一氧化氮的积累，并证明一
氧化氮和脯氨酸的积累是通过两个相对独立的途径实现的，而一氧化氮又
是诱导气孔关闭的信号分子。可见，ABA 能够通过诱导气孔关闭和调节
苜蓿体内渗透调节物质的积累来提高苜蓿的耐旱性。

（四）脱落酸和干旱诱导的紫花苜蓿基因表达

在 20 世纪，关于脱落酸和干旱诱导的紫花苜蓿基因表达研究已经取
得了一些成果。pSM2075 是 Luo 等于 1991 年报道的受 ABA 和干旱等胁迫
诱导的蛋白，该蛋白是富甘氨酸蛋白，全长为 159 个氨基酸，包含 7 个

"GGGYNHGGGGYN"重复。1992 年，Luo 等又报道了一个受 ABA 诱导表达的基因家族——*pUM*90，其中 *pUM*90-1 可在干旱胁迫和 ABA 诱导下表达。1998 年，Kovács 等发现了一个 cDNA 克隆，被命名为 AnnMs2。该基因编码 333 个氨基酸，与哺乳动物和植物中膜联蛋白有 32~37% 的相似度，在干旱胁迫和 ABA 诱导下表达，表达部位为紫花苜蓿的根和花。免疫荧光试验显示，AnnMs2 在细胞质、细胞内膜以及细胞核中均有表达，考虑到细胞核的主要功能就是合成核糖体，因此 Kovács 等推测 AnnMs2 与干旱胁迫下蛋白质的合成有关。可以肯定的说，ABA 和干旱胁迫诱导的紫花苜蓿基因不会只有以上介绍的两个，相信随着研究的继续深入，会有更多相关诱导基因被发现。

四、小结

ABA 作为胁迫激素，在植物体中所起的作用非常重要，且功能极其广泛，一直是研究的热点。国内外有关苜蓿耐旱性的研究很多，而且苜蓿在水分胁迫下的某些生理生化反应与其他植物相似。然而，令人遗憾的是人们并未将这些响应与 ABA 的功能联系起来。另外，苜蓿作为豆科牧草可以一年刈割多次，而且具有固氮功能。水分胁迫下苜蓿的这些特性与 ABA 又有怎样的关系，人们知之甚少，亟待研究。关于豆科新模式植物蒺藜苜蓿与 ABA 的关系也有了些许研究。蒺藜苜蓿和紫花苜蓿同属，因此有关蒺藜苜蓿的研究对认识紫花苜蓿来说具有一定的意义，为以后紫花苜蓿耐旱性研究奠定了一定的基础。在其他作物上，虽然研究众多，ABA 信号转导的一些关键机制也得以揭示，但是仍有一些关键的调控机制也还未研究清楚；如植物细胞是如何感受水分胁迫，又是如何诱导 ABA 合成的，这些过程人们都还不清楚，仍需要更加全面和深入的研究。

第二节　水分胁迫对苜蓿水分生理和 ABA 含量的影响

有关水分胁迫影响苜蓿中 ABA 含量的研究已有少量报道，而这些研究都只是探讨了水分胁迫下 ABA 的变化规律，未涉及 ABA 的变化与气孔导度和叶水势的关系。本研究从叶水势和气孔导度的变化入手，对水分胁迫下紫花苜蓿根源信号 ABA 的产生与作用机制进行了研究和探讨。研究采用停水法，在温室中用不同的停水时间来代表不同程度的水分胁迫，对3个紫花苜蓿品种进行处理，并定期测量地上生物量、根冠比、叶绿素荧光、气孔导度、叶片水势、相对含水量和根系 ABA 含量，以期揭示苜蓿气孔导度、叶水势和根系 ABA 水平之间的关系，为构建 ABA 相关的苜蓿逆境生理生态学理论及苜蓿耐旱品种的选育提供参考。

一、地上生物量、根冠比与叶绿素荧光

随着水分胁迫程度的逐渐增大，紫花苜蓿的地上生物量和 Fv/Fm 值均不断下降。轻度和中度水分胁迫对3个紫花苜蓿品种的地上生物量影响不显著（$P>0.05$），重度水分胁迫下3个紫花苜蓿品种的地上生物量均显著低于对照（$P<0.05$）。不同程度的水分胁迫下中苜1号的地上生物量总是最大的，敖汉次之，三得利最小；但是在轻度和重度水分胁迫下3种紫花苜蓿的地上生物量之间差异不显著（$P>0.05$），只有在中度水分胁迫下中苜1号的地上生物量显著高于三得利（$P<0.05$），详见表 8-2。

表 8-2　水分胁迫对地上生物量和 PS Ⅱ 最大光化学效率的影响

| 处理 | 地上生物量（g） | | | PS Ⅱ 最大光化学效率 Fv/Fm | | |
	敖汉	中苜 1 号	三得利	敖汉	中苜 1 号	三得利
对照	0.377 ± 0.076abcd	0.487 ± 0.116a	0.400 ± 0.157abc	0.813 ± 0.004a	0.795 ± 0.005bcd	0.780 ± 0.005def
轻度胁迫	0.301 ± 0.026bcd	0.452 ± 0.232ab	0.286 ± 0.101bcd	0.807 ± 0.010ab	0.797 ± 0.003bc	0.792 ± 0.004bcde
中度胁迫	0.284 ± 0.095bcd	0.444 ± 0.074ab	0.235 ± 0.074cd	0.789 ± 0.017cdef	0.784 ± 0.014cdef	0.792 ± 0.016bcde
重度胁迫	0.285 ± 0.070bcd	0.365 ± 0.065abcd	0.200 ± 0.027d	0.778 ± 0.01ef	0.776 ± 0.001f	0.779 ± 0.009def

注：含有相同的小写字母表示差异不显著（$P>0.05$）。

水分胁迫对紫花苜蓿根冠比的影响如表 8-3 所示，与对照相比，轻度和中度水分胁迫下 3 种苜蓿的根冠比变化不显著（$P>0.05$）；重度水分胁迫下敖汉和中苜 1 号苜蓿的根冠比显著增加（$P<0.05$），而三得利苜蓿的根冠比变化仍然不显著（$P>0.05$）。从品种间比较来看，在轻度和中度水分胁迫下 3 个紫花苜蓿品种之间根冠比的差异不显著（$P>0.05$）；重度水分胁迫下敖汉苜蓿的根冠比显著高于三得利苜蓿（$P<0.05$）。

表 8-3　水分胁迫对根冠比的影响

| 处理 | R/S | | |
	敖汉	中苜 1 号	三得利
对照	0.49 ± 0.063bc	0.45 ± 0.20c	0.46 ± 0.36c
轻度胁迫	0.65 ± 0.19abc	0.52 ± 0.0.023bc	0.47 ± 0.25c
中度胁迫	0.48 ± 0.010c	0.66 ± 0.12abc	0.56 ± 0.35bc
重度胁迫	1.04 ± 0.50a	0.88 ± 0.048ab	0.59 ± 0.043bc

注：含有相同的小写字母表示差异不显著（$P>0.05$）。

二、叶水势、相对含水量、气孔导度和 ABA 含量

水分胁迫对紫花苜蓿叶水势的影响如图 8-1 所示，随着水分胁迫的增强，叶水势逐渐下降。然而轻度水分胁迫对 3 种紫花苜蓿的叶水势未产生明显影响；中度水分胁迫下，敖汉和三得利苜蓿的叶水势显著低于对照（$P<0.05$），中苜 1 号的叶水势与对照之间差异仍然不显著（$P>0.05$）；重度水分胁迫下，3 个紫花苜蓿品种的叶水势与对照相比均显著下降（$P<0.05$），其中，中苜 1 号的叶水势显著低于敖汉和三得利（$P<0.05$）。

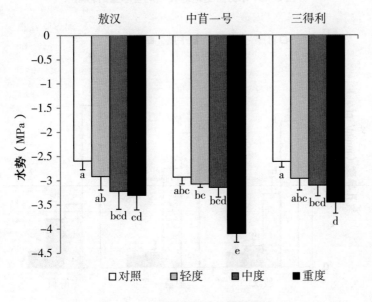

图 8-1　水分胁迫对叶水势的影响

叶片相对含水量的变化如图 8-2 所示，3 个紫花苜蓿品种的叶片相对含水量随着水分胁迫程度的增强而逐渐下降；轻度胁迫对参试苜蓿的相对含水量影响不大，中度水分胁迫下中苜 1 号苜蓿的叶片相对含水量则显著低于对照（$P<0.05$），敖汉和三得利与对照的差异仍不显著（$P>0.05$）；

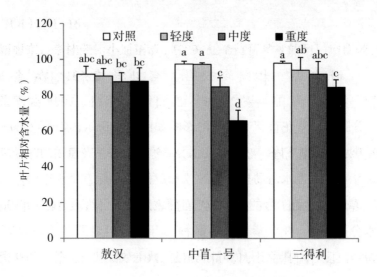

图 8-2　水分胁迫对叶片相对含水量的影响

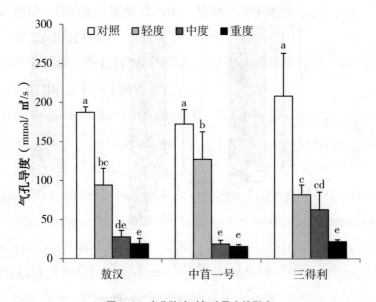

图 8-3　水分胁迫对气孔导度的影响

重度胁迫下中苜 1 号的相对含水量最低，三得利居中，敖汉最高，且中苜 1 号和三得利的叶片相对含水量均显著低于对照（$P<0.05$），敖汉的叶片相对含水量与对照的差异仍然不大。

水分胁迫对气孔导度的影响非常显著，轻度水分胁迫下所有参试紫花苜蓿的叶片气孔导度均显著下降（$P<0.05$）；随着胁迫程度的加剧，气孔导度持续降低，达到重度胁迫程度时，气孔导度降至最低。敖汉和中苜1号苜蓿在中度胁迫以后气孔导度下降已不显著（$P>0.05$）；三得利苜蓿在中度胁迫下的气孔导度与轻度胁迫差异不显著（$P>0.05$），与重度胁迫差异显著（$P<0.05$）。

水分胁迫下参试紫花苜蓿根系ABA浓度与对照相比均有不同程度的升高。轻度水分胁迫下，3种紫花苜蓿根系ABA小幅升高；中度水分胁迫下敖汉和中苜1号与对照相比仍然不显著（$P>0.05$）；重度胁迫下3个参试苜蓿品种根系ABA浓度与对照之间的差异均达到显著水平（$P<0.05$）。

表8-4 水分胁迫对根系ABA含量的影响

处理	根系ABA含量（ng/g·DW）		
	敖汉	中苜1号	三得利
对照	57.883 ± 3.369d	86.146 ± 7.277b	60.343 ± 11.448d
轻度胁迫	60.308 ± 4.185d	93.465 ± 4.220ab	64.946 ± 8.122cd
中度胁迫	74.392 ± 7.705bcd	88.669 ± 5.972b	83.120 ± 20.103bc
重度胁迫	88.718 ± 12.699b	113.366 ± 20.602a	94.509 ± 21.900ab

注：含有相同的小写字母表示差异不显著（$P>0.05$）

三、土壤含水量、叶水势、ABA含量与气孔导度的关系

将气孔导度与土壤含水量进行线性拟合，结果如图8-4所示，敖汉和三得利的气孔导度与土壤含水量呈线性正相关，R^2分别为0.9857和0.9994；中苜1号的气孔导度和土壤含水量呈二项式相关，R^2为0.9985。由图可知，水分亏缺的条件下，相同的土壤含水量，敖汉的气孔导度最小，其次是三得利，中苜1号的气孔导度最高，说明3个紫花苜蓿品种中，敖汉对土壤水分变化最敏感，中苜1号最不敏感，三得利居中。

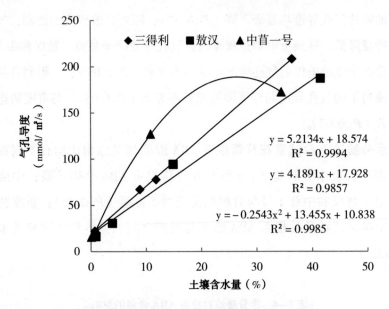

图 8-4　气孔导度与土壤含水量之间的回归关系

气孔导度与叶水势回归拟合分析如图 8-5 所示，二者呈指数相关。敖汉和三得利苜蓿的气孔导度与叶水势的相关性较高，回归方程的 R^2 分别为 0.977 和 0.996。中苜 1 号的气孔导度与叶水势的相关性则较差，回归方程的 R^2 为 0.522。气孔导度与根系 ABA 含量也呈指数相关，如图

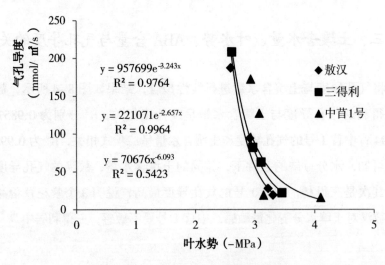

图 8-5　叶水势与气孔导度的回归分析

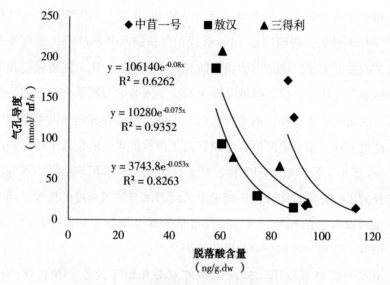

图 8-6　脱落酸含量与气孔导度的回归分析

8-6 所示，仍然是敖汉和三得利的气孔导度与 ABA 含量相关性较好，R^2 分别为 0.935 和 0.826，中苜 1 号则稍差，R^2 为 0.626。

四、生物量、叶绿素荧光及根冠比的分析

经过漫长的进化，植物已经发展出一系列响应水分胁迫的生理生化机制，如渗透调节物质的积累机制、活性氧清除机制等，本研究调查了紫花苜蓿叶绿素荧光参数、气孔导度、水分生理以及根系 ABA 浓度对水分胁迫的响应。水是光合作用的反应底物，因此当机体缺水时，植物的光合系统就会做出响应。Fv/Fm 是植物叶绿素荧光参数之一，代表 PS Ⅱ 的最大光化学效率，可以表征植物光合系统运转的好坏，一般情况下受到胁迫的植株 Fv/Fm 值要低于正常植株，因此通过 Fv/Fm 值的降低程度可以了解胁迫对植物体光合作用的影响，同时也可以表征植物体的受胁迫程度。本研究中，随着胁迫程度的加剧，Fv/Fm 的值逐渐降低，表明 PS Ⅱ 最大光化学效率逐渐下降，叶片光合作用受水分胁迫抑制程度逐渐加深。然而在

轻度和中度水分胁迫下 3 个紫花苜蓿品种 PS Ⅱ 最大光化学效率与对照相比差异并不显著，说明停水 14 d 后紫花苜蓿缺水并不严重，光合作用受到的影响并不明显，这是因为植物体对气孔的调控作用，使得轻度和中度水分胁迫下气孔导度显著降低并极大减少了水分的蒸腾散失，起到了保水作用，从而维持光合作用的正常进行。也就是说，在光合强度不变的情况下，苜蓿的耗水量显著降低，所以提高了苜蓿的水分利用效率，这一结果同 Erice 等相一致。地上部生物量是光合作用长期累积的结果，水分胁迫对光合的影响必然也体现在生物量上。随着水分胁迫程度的增加，地上生物量呈逐渐降低的趋势，其中敖汉苜蓿的地上生物量受水分胁迫影响较小，中苜 1 号和三得利受到的影响较大。

由本研究结果得出，轻度和中度水分胁迫不改变紫花苜蓿的根冠比，重度水分胁迫才使其根冠比增加，这与 Erice 等的结果一致。其他研究结果也都表明，水分胁迫下植物根冠比趋于增大，并认为根冠比增大是植物抗旱的表现，因为根冠比增大意味着根系比例增大，根系吸水相对增多，同时地上部减少，水分散失相对降低，从而减缓了植物的水分亏缺。

五、水分状态、ABA 含量与气孔导度的分析

叶片相对含水量是公认的能够较好反应植物水分状况的生理指标，指示着植物叶片的保水力。一些研究结果表明，在水分胁迫下耐旱性越强的品种叶片相对含水量下降的幅度越小，同时叶水势下降的幅度越大，而叶片的保水力也越强。本研究中，敖汉苜蓿在轻度、中度和重度水分胁迫处理下的相对含水量与对照差异均不显著，表现出优良的保水能力。另外，从试验结果中还可以看出，虽然叶水势和相对叶片含水量均呈降低的趋势，但二者的变化并不同步。中度水分胁迫下，敖汉和三得利苜蓿的叶水势下降显著，但叶片相对含水量下降不显著，这说明敖汉和三得利的叶片保水力较强；中苜 1 号则相反，叶水势变化不显著，叶片相

对含水量显著下降。这在一定程度上暗示着叶水势和相对叶片含水量对水分胁迫响应的灵敏度可能与紫花苜蓿的遗传背景密切相关。由于相对含水量变化不显著，所以敖汉和三得利叶水势的下降可能并不是因为细胞失水，而是因为渗透调节能力较强，细胞内渗透调节物质的快速积累造成了水势下降。中苜1号可能是由于气孔关闭的结果，气孔导度的下降暂时保存了机体的水分，因此水势下降不显著，但其相对含水量已经明显下降，植株已经处于缺水的状态。重度水分胁迫下，中苜1号的叶水势下降最为显著，这可能因为中苜1号较大的地上生物量使其在同样时间内消耗掉的土壤水分也较大，最终使盆内水分耗尽，尽管气孔导度已经降至最低，但是水分散失不可避免，而根系又不能从土壤中获得水分，最终导致植株严重缺水。

ABA是主要的根源化学信号物质，水分胁迫下ABA合成、转运和代谢的相关研究十分丰富。目前普遍认为，水分胁迫下植物根系ABA生物合成增加，并被迅速装载到木质部，进一步运输到作用部位。一些研究显示，胁迫状态下根系ABA浓度并不一定总是升高，如Jeschke等在研究缺磷对ABA的合成、转运和代谢时，发现缺磷时根系ABA水平升高并不显著，但木质部和叶片中ABA的含量显著升高，因此认为缺磷胁迫下根系新合成的ABA被迅速地装载到了木质部并运输到叶片发挥作用，从而导致根系内ABA浓度升高不显著。本研究中，3个苜蓿品种在轻度和中度水分胁迫下根系ABA浓度并没有显著升高，这一点与Jeschke等的结果一致。但是本研究没有检测苜蓿木质部汁液和叶片ABA的含量变化，因此如要搞清为何根系ABA浓度升高不显著，还需要进一步的研究证实。重度水分胁迫下根系ABA水平显著上升，可能是由于在重度水分胁迫下苜蓿的维管束组织已经发生了气泡栓塞，阻碍了ABA向木质部和叶片的运输，从而导致ABA在根系内累积。

气孔是陆地植物与大气环境间进行气体交换的主要媒介，对维持植物体内的水分平衡至关重要。植物体在受到水分胁迫时会做出相应的响应来调控气孔运动，降低气孔导度，维持机体水分平衡。目前有关水分胁迫下植物体调控气孔运动的理论主要有两种，即水力信号理论和根源化学信号理论。现在普遍认为水力信号在水分胁迫后期叶水势出现显著下降时起主要作用，而在水分胁迫初期叶片水势未出现明显变化时，根源化学信号则起主导作用。一般认为气孔导度显著下降而叶片相对含水量没有显著下降时，是根源化学信号起作用的阶段；当叶片相对含水量发生显著下降时，则是根源水力信号作用的阶段。本研究中，在轻度水分胁迫下参试的 3 个紫花苜蓿品种的水势和叶片相对含水量均未发生显著变化，水力信号还很微弱，不足以使气孔关闭，但是气孔导度却出现了显著的降低，这很可能暗示着化学信号物质在水分胁迫早期主导着对气孔导度的调控。因此，本研究结果在一定程度上与 Zhang 等和 Davies 等的观点一致。

另外，不同苜蓿品种的气孔导度对土壤水分的变化具有不同响应，敖汉的气孔导度与土壤含水量呈线性正相关，对土壤水分含量敏感性较高，而且敖汉的生物量较高，所以认为抗旱性较强。中苜 1 号的气孔导度与土壤含水量则呈二次曲线相关，对土壤水分含量敏感性低，耗水最快，但生物量最高；三得利对土壤水分含量敏感性也较高，但生物量最低。根据植物种类的不同，气孔导度与 ABA 含量的关系可以是指数相关也可以是线性相关。本研究对紫花苜蓿气孔导度与根系 ABA 含量的关系进行了初步探索，发现二者之间呈指数相关，但是由于观测数据较少，因此还需进一步试验验证。

第三节 水分胁迫下苜蓿根系特征与 ABA 变化

根系是植物首先感受到水分胁迫的部位，相关研究表明，通过根系对干旱的预警响应植物可以避免干旱对自身的某些不利影响。根系对植物的生长至关重要，同时它的生长状况影响着植物对干旱的抗性。根系性状主要包括根长、侧根数和根系直径等。在小麦、玉米和大麦等作物中已有关于水分胁迫对根系生长影响的研究，但在苜蓿中的相关研究较少。根冠比也是衡量植物耐旱性能的重要指标，干旱胁迫下根冠比的改变是植物对干旱适应的结果。相关研究表明，干旱能够抑制苜蓿根和茎叶的生长，但是对根的影响要小一些，因此受旱植株的根冠比要高于正常供水的植株。侧根可增加根系吸水面积，对于植物的水分吸收十分重要，是根系的重要性状之一。侧根的发育和生长受多种因素调控，如环境因素、植物自身发育因素和植物激素等。ABA 是调控植物生长发育的重要因子，并能够增强植物对环境胁迫的耐受力。水分胁迫下，植物体内 ABA 含量上升，从而调控气孔关闭，减少水分散失，保护植物免受干旱的影响，提高植物抗旱性。以往的研究主要干旱胁迫对紫花苜蓿根系 ABA 的短期效应，而有关长期水分胁迫下苜蓿根系 ABA 动态的研究还未见报道。本研究旨在探明水分胁迫下紫花苜蓿根系 ABA 含量动态变化和水分胁迫对紫花苜蓿根系性状的影响。

一、干旱处理间根系 ABA 含量

水分胁迫对苜蓿根系 ABA 含量的影响如表 8-5 所示，苜蓿不同生长时期的根系 ABA 含量都受水分胁迫影响。随着水分胁迫程度的增加，根系 ABA 含量也显著升高。在移栽后的 75 d 内，根系 ABA 含量随着处理时间的延长而逐渐升高。对于对照、轻度干旱和中度干旱处理的植株，在移栽后第 75 d 至 105 d 内，根系 ABA 含量呈下降趋势，之后又呈升高趋势，直至第 195 d。而对于重度干旱的苜蓿植株，在移栽后的第 75 d 后根系 ABA 含量即开始下降，直至第 105 d 下降至最低点，之后开始回升。对照组在第 105 d 的根系 ABA 含量在 4 个水分处理中最低，为 44 ng/g FW；轻度、中度和重度干旱处理的根系 ABA 含量分别为 56.6、64.6 和 94.4 ng/g FW。

表 8-5　不同水分胁迫处理下紫花苜蓿根系 ABA 含量的变化

田间持水量（%）	ABA 含量（ng/g FW）											
	30 d	45 d	60 d	75 d	90 d	105 d	120 d	135 d	150 d	165 d	180 d	195 d
W1	58.5±2.1a	65.2±3.2a	68.6±4.1a	70.1±3.2a	65.7±3.6a	43.5±5.5a	62.4±1.5a	70.6±2.2a	109.4±1.1a	112.5±1.2a	121.3±2.3a	130.3±2.1a
W2	66.5±3.8b	71.5±3.6b	78.4±3.4b	85.4±2.6b	73.5±3.1b	56.5±3.3b	69.2±1.3b	75.5±1.9b	112.2±1.6b	115.7±2.1b	127.3±3.2b	137.5±3.8b
W3	88.1±2.2c	90.5±3.0c	94.0±2.5c	108.1±3.8c	81.2±2.5c	64.4±2.7c	80.2±7.6c	92.4±7.6c	117.3±5.2c	127.5±5.2c	136.5±1.5c	148.4±2.9c
W4	109.3±3.4d	114.4±2.9d	115.2±3.3d	117.5±4.5d	95.2±2.2d	95.2±3.2d	103.0±9.8d	108.2±4.1d	126.3±5.7c	138.4±4.2d	155.5±2.3d	160.3±1.9d

注：相同列中含有相同字母的两项之间差异不显著（$P < 0.05$）

二、品种间根系 ABA 动态

水分胁迫下不同品种的紫花苜蓿之间的根系 ABA 含量有差异。移栽后第 30 d 至第 75 d，参试的 3 个紫花苜蓿品种的根系 ABA 含量随着处理时间的延长而逐渐增加。中苜 1 号、三得利和敖汉的根系 ABA 含量在移栽后的第 75 d 都开始下降，直至移栽后的第 105 d 降至最低点。相较而言，中苜 1 号、三得利的根系 ABA 含量下降迅速，而敖汉苜蓿的 ABA 含量则下降较为缓慢。第 105 d 以后，三个紫花苜蓿品种的根系 ABA 含量又开始呈上升趋势。

移栽后第 105 d 敖汉、三得利和中苜 1 号的根系 ABA 含量分别为 83.2、61.7 和 49.9 ng/g FW。除了在移栽后 180 d 和 195 d 中苜 1 号的根系 ABA 含量高于三得利外，中苜 1 号的 ABA 含量都低于其他两个品种。同时，敖汉的根系 ABA 含量在 3 个品种中始终是最高的。

表 8-6　水分胁迫下不同紫花苜蓿品种的根系 ABA 动态

品种	ABA 含量（ng/g FW）											
	30 d	45 d	60 d	75 d	90 d	105 d	120 d	135 d	150 d	165 d	180 d	195 d
敖汉	92.4±2.3a	98.1±1.6a	100.5±3.0a	102.7±1.3a	90.8±1.8a	83.7±1.3a	92.8±2.9a	93.2±1.7a	133.7±3.4a	140.8±2.7a	155.7±3.4a	195.3±6.5a
三得利	76.1±1.5b	86.2±2.6b	90.8±2.7b	92.5±1.2b	76.4±1.1b	62.6±1.6b	86.4±3.4a	86.7±2.5a	115.6±2.1b	120.4±0.7b	128.6±1.1c	138.5±2.7c
中苜 1 号	72.1±1.1c	74.5±2.9c	76.9±2.8c	89.2±0.9c	72.2±2.1c	48.4±1.5c	60.3±2.6b	82.9±1.4b	110.8±2.2c	115.3±2.1c	135.4±1.2b	147.7±3.8b

注：相同列中含有相同字母的两项之间差异不显著（ P < 0.05 ）。

三、根系性状与根冠比

不同水分胁迫下 3 个紫花苜蓿品种的根长、侧根数、根系干鲜重以及根冠比如表 8-7 所示，结果显示：水分胁迫显著降低根长、侧根数和根系干鲜重（P<0.05）。与对照相比，轻度、中度和重度水分胁迫分别使根长降低了 9.3%、12.7% 和 20.9%；使侧根数分别降低了 14.5%、15.7% 和 20.7%；使根鲜重分别降低了 9.9%、11.1% 和 43.8%；使根干重分别降低了 7.3%、21.7% 和 38%。水分胁迫使紫花苜蓿根冠比显著升高。相对于对照而言，轻度、中度和重度水分胁迫分别使根冠比上升了 30%、78.6% 和 94.3%。

各处理间紫花苜蓿根系直径无显著差异（P>0.05）。和对照组相比，重度水分胁迫处理的紫花苜蓿根系直径下降的程度最大，平均下降了 5.3%。

表 8-7　水分胁迫下苜蓿根系性状及根冠比的变化

田间持水量（%）	根长（cm）	侧根数（个）	根鲜重（g）	根干重（g）	根冠比
w1	457.2	1452.2	87.9	21.0	0.7
w2	418.5	1241.5	79.2	19.5	0.9
w3	399.2	1224.9	78.2	16.5	1.3
w4	361.6	1151.4	49.4	13.0	1.4
SE ±	17.2	41.5	5.5	0.8	0.0

四、根系性状差异

水分胁迫下 3 个苜蓿品种的根长、侧根数、根直径以及根系干、鲜重如表 8-8 所示。敖汉苜蓿的根长、侧根数和根干重都显著低于其他两个品种；三得利的根系直径最小，但与其他两个品种差异不显著，而侧根数则显著高于敖汉和中苜 1 号；中苜 1 号的根干重和根鲜重显著高于其他两个品种。3 个紫花苜蓿品种间的根冠比差异不显著。

表 8-8　水分胁迫下不同苜蓿品种紫花苜蓿的根系性状差异

品种	根长（cm）	侧根数（个）	根直径（cm）	根鲜重（g）	根干重（g）
敖汉	428.2	1202.9	0.4	81.2	19.0
三得利	357.9	1145.7	0.4	67.7	15.4
中苜 1 号	441.2	1453.9	0.3	72.1	18.1
SE ±	14.9	35.9	0.0	4.8	0.7

五、讨论和结论

作为胁迫激素，ABA 能够增强植物对干旱和高盐等环境胁迫的忍耐力。本研究表明水分胁迫使紫花苜蓿根系 ABA 含量显著升高。本研究结果和 Brodribb 和 McAdam 报道的在蕨类（*Peridium esculentum*）和卷柏（*Selaginella kraussiana*）上的研究结果是一致的。据 Outlaw 报道，水分胁迫可使 ABA 的浓度上升 30 倍。本研究中，在第 105 d 时重度干旱处理组的根系 ABA 浓度与对照的差别最为悬殊，约为对照的 2.2 倍。

本研究的结果显示，水分胁迫降低了根系长度，这和李文娆等以及丁红等报道的结果相似，在合欢、桉树、刺桐和柳属幼苗中的相关研究中也得到了相似的结果。然而 Sacks 等和 Rao 等发现水分胁迫并未对小麦和玉米的根系生长起到明显的抑制作用。这样的差异可能是由于水分胁迫处理的方法不同造成的，也可能是不同的物种对干旱胁迫的不同响应造成的，具体为何种原因，还有待进一步实验证实。本研究中水分胁迫显著降低了根系干重和鲜重，这和在珍珠粟和鳄梨中研究结果一致；柳树的根干重也受中度和重度水分胁迫影响而降低；在甜菜的相关研究中也可以找到相似的结果。

Liu 和 Stützel 等观察到水分胁迫对根系的影响要比对茎叶的影响小，从而造成了水分胁迫下植株的根冠比高于对照植株。本研究中，水分胁迫显著使根冠比显著升高。其他的研究中也表明水分胁迫下根冠比升高有助于植物吸水。同时，Sharp 和 LeNoble 以及 Manivannan 等认为根系和茎中的 ABA 促进了植物吸水。

本研究结果说明水分胁迫和品种对紫花苜蓿根系 ABA 含量都有显著影响。随着水分胁迫程度的增加，紫花苜蓿根系 ABA 的含量升高。同时，水分胁迫降低了紫花苜蓿的根长、侧根数、根干重和根鲜重。水分胁迫下紫花苜蓿根冠比升高，说明水分胁迫对茎叶的不利影响要大于根系。3 个参试紫花苜蓿品种中，敖汉苜蓿的根长、侧根数、根干重、根鲜重和根冠比都是最低的，但根系 ABA 含量是最高的。

第四节　水分胁迫下苜蓿根系生长状况

近年来，对苜蓿根系形态学特性的研究表明，苜蓿对水分的吸收能力以及苜蓿的耐旱性强弱至少在一定程度上与其直根系统的分布特征、发生特点有关。虽然已经取得了一定进展，但由于根系生长环境特殊、研究难度高、工作量大、方法滞后、效率较低等原因，对苜蓿根系的研究仍相对比较薄弱。本节就干旱逆境下苜蓿根系生长特性的变化特征进行了研究，以期对持续干旱条件下苜蓿根系生长适应性及苜蓿耐旱性做一探讨（张岁岐等，2011）。

一、主根长度

持续干旱抑制了苜蓿主根的伸长生长。在苜蓿生长的不同生育期,对苜蓿主根长度的测定表明:正常供水苜蓿主根长度 > 中度干旱胁迫处理 > 重度干旱胁迫处理(图8-7)。

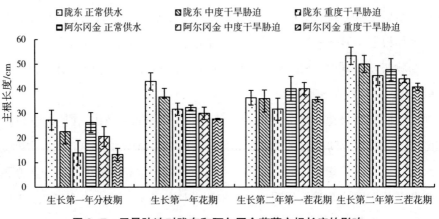

图8-7　干旱胁迫对陇东和阿尔冈金苜蓿主根长度的影响

具体表现在:一年生苜蓿在年末刈割后发现,陇东中度与重度干旱胁迫处理下主根长度分别下降到正常供水处理的85.21%和73.68%,阿尔冈金的主根长度则分别下降到正常供水处理的90.79%和84.33%;生长两年的苜蓿,在第二年末刈割后发现,陇东中度与重度干旱胁迫处理主根长度分别下降到正常供水处理的93.76%和85.04%,阿尔冈金的主根长度分别下降到正常供水处理的80.23%和79.37%。

干旱胁迫处理还带来了主根生长速率的下降:第二年刈割三茬后,陇东正常供水处理、中度和重度干旱胁迫处理主根长度分别比第一茬相应处理的主根长度增长了45.72%、38.66%和30.04%,阿尔冈金的则分别比第一茬相应处理增长了26.68%、10.05%和19.46%。干旱逆境下营养物质优先供应根系生长中心(根尖以及细根和三级以上根系等),并由此抑制了主根的伸长生长，因此促使上述现象发生。另外，一年生和两年生的苜蓿相比，干旱胁迫条件下主根的变化明显不同（$P<0.01$）；相同水分条件处理下不同品种的苜蓿间，主根变化上也存在显著差异（$P<0.01$），表现在：生长第二年，陇东主根长度（除第一茬花期）及主根增长速率略大于阿尔冈金，且受干旱影响主根长度受抑程度小于阿尔冈金，另外，二者在主根长度的变化上存在显著差别（$P<0.05$）。

二、侧根长度

对不同水分处理、不同生育时期苜蓿一级和二级侧根长度的测定表明（图 8-8），持续干旱胁迫通过促进苜蓿（二年生）侧根生长速率而带来了侧根的伸长生长。这种现象的产生利于植株在干旱条件下维系根系对水分的吸收，尤其增强了对深层水分的利用，并在维持植株正常生长发育的同时，也对环境土壤的固定和水分的保持起到了良好的作用。这是苜蓿对干旱胁迫的一种生态适应机制。

生长一年的陇东在分枝期其侧根长度是中度干旱胁迫处理 > 重度干旱胁迫处理 > 正常供水处理，而在花期其侧根长度则是重度干旱胁迫处理 > 中度干旱胁迫处理 > 正常供水处理。同时，生长一年的阿尔冈金在分枝期

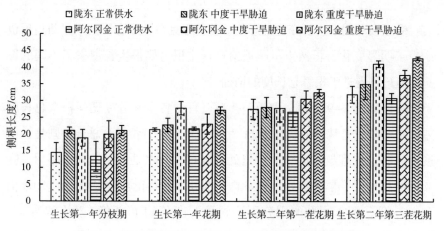

图 8-8　干旱胁迫对陇东和阿尔冈金苜蓿侧根长度的影响

和花期以及生长两年的陇东和阿尔冈金在刈割第一茬后和刈割三茬后的侧根长度也表现出与一年生陇东花期变化一致的现象。再从增长速度上看，生长第一年陇东在花期正常供水处理、中度和重度干旱胁迫处理侧根长度比分枝期相应处理分别增长了 50.79%、7.33% 和 49.70%，生长第一年的阿尔冈金则同期分别增长了 62.11%、17.38% 和 28.24%；生长第二年陇东刈割三茬后，正常供水处理、中度和重度干旱胁迫处理侧根长度分别比刈割第一茬后增长了 18.54%、24.91% 和 47.29%，阿尔冈金的也分别增长了 17.18%、25.02% 和 31.83%。

从上述分析可以看出，生长第一年，干旱胁迫处理的苜蓿，其侧根长度的增长速率远小于正常供水处理（尤其阿尔冈金），可以认为连续的土壤干旱最终抑制了苜蓿第一年侧根的生长发育；但数据同时表明，生长第一年和生长第二年苜蓿侧根在长度的变化上存在明显不同（$P<0.01$），连续的土壤干旱促进了苜蓿在第二年侧根的伸长生长，这亦说明生长不同年限的苜蓿对干旱胁迫适应能力存在差异，随着生长年限的增加，苜蓿对干旱胁迫的适应能力逐渐增强。但供试品种（陇东和阿尔冈金）间变化差异不明显。

三、根系总长度

受主根和侧根生长变化的影响，苜蓿根系总长度在受到干旱胁迫后也产生了明显变化，虽然干旱胁迫给苜蓿主根与侧根生长带来了不同的影响，但最终促进了根系总长度的增加。

具体如图 8-9 所示，生长一年后，苜蓿各个水分处理间根系总长度差异不明显（尤其是阿尔冈金）；生长两年后，苜蓿根系总长度则是：中度干旱胁迫处理＞重度干旱胁迫处理＞正常供水处理。生长一年后，陇东中度和重度干旱胁迫处理根系总长度分别达到正常供水处理的 1.03 倍和 1.28 倍，阿尔冈金的则分别达到了 1.11 倍和 1.23 倍；生长两年后，陇东中度和重度干旱胁迫处理根系总长度分别达到正常供水处理的 2.07

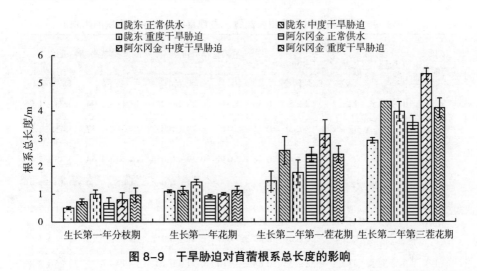

图 8-9　干旱胁迫对苜蓿根系总长度的影响

倍和 1.90 倍；阿尔冈金的则分别达到了 1.51 倍和 1.17 倍。另外，第二年刈割三茬后，陇东正常供水处理、中度和重度干旱胁迫处理根系总长度分别比第一茬增长了 95.12%、71.36% 和 126.97%，阿尔冈金的分别增长了 43.57%、67.64% 和 67.59%。

　　生长第二年，苜蓿根系总长度的增长量明显大于第一年的增长量，因此，可以认为，苜蓿对干旱逆境的忍耐能力随着生长年限的增长和生育时期的推进而逐渐增强（$P<0.01$）。品种间，陇东根系总长度无论在生长的第一年还是第二年，都较阿尔冈金有更快的增长速率（尤其生长第二年），并随着胁迫程度的加深而增长更多，这与侧根的生长发育规律一致，因此，两个品种对干旱逆境的生物学忍耐机制可能存在差异。

四、主根直径、侧根数目和根系表面积

　　干旱胁迫处理带来了苜蓿根系表面积和直径 ≥ 1 mm 的侧根数目的显著增加以及主根直径的减小（表 8-9）。同时，不同生育时期，根系表面积均呈现"中度干旱胁迫处理 > 重度干旱胁迫处理 > 正常供水处理"的变化趋势。干旱胁迫条件下，苜蓿根系变细、变长，有利于深入土壤深处

表 8-9　干旱胁迫对苜蓿侧根数量、主根直径和根系表面积的影响

品种生育时期	处理	侧根数量（直径 ≥ 1 mm）		主根直径 /cm		根系表面积 /cm²	
		陇东	阿尔冈金	陇东	阿尔冈金	陇东	阿尔冈金
第一年分枝期	正常供水	12 ± 1	12 ± 5	0.30 ± 0.041	0.30 ± 0.031	13.47 ± 2.94	10.73 ± 1.96
	中度干旱胁迫	19 ± 7	13 ± 4	0.31 ± 0.045	0.29 ± 0.033	19.01 ± 2.32	16.45 ± 2.33
	重度干旱胁迫	28 ± 5	21 ± 4	0.28 ± 0.034	0.29 ± 0.054	16.50 ± 1.63	15.33 ± 2.45
第一年花期	正常供水	32 ± 13	32 ± 4	0.62 ± 0.020	0.63 ± 0.064	24.97 ± 2.69	32.40 ± 2.71
	中度干旱胁迫	40 ± 9	35 ± 2	0.49 ± 0.016	0.57 ± 0.047	34.98 ± 1.46	42.11 ± 7.29
	重度干旱胁迫	42 ± 10	41 ± 4	0.47 ± 0.007	0.43 ± 0.013	26.97 ± 0.10	37.34 ± 6.67
第一年第一茬花期	正常供水	42 ± 1	38 ± 3	0.68 ± 0.110	0.74 ± 0.102	27.79 ± 6.75	39.26 ± 8.89
	中度干旱胁迫	56 ± 2	45 ± 4	0.61 ± 0.103	0.72 ± 0.065	52.91 ± 11.06	56.95 ± 2.04
	重度干旱胁迫	53 ± 3	48 ± 2	0.56 ± 0.109	0.61 ± 0.068	43.06 ± 11.88	49.72 ± 9.90
第二年第三茬花期	正常供水	54 ± 2	53 ± 6	0.92 ± 0.042	0.95 ± 0.009	39.88 ± 0.80	46.15 ± 4.22
	中度干旱胁迫	72 ± 6	68 ± 4	0.84 ± 0.060	0.88 ± 0.101	73.31 ± 2.87	77.31 ± 6.93
	重度干旱胁迫	64 ± 3	62 ± 5	0.71 ± 0.036	0.86 ± 0.035	62.26 ± 1.09	57.11 ± 3.77

吸收水分；侧根数目的增加、表面积的增大，则有利于扩大水分的吸收范围；而主根粗度的减小，则有利于减小不利环境条件下营养物质的消耗。

　　生长二年的苜蓿侧根数目和根系表面积的增长幅度均显著大于生长一年的（侧根数目：生长第一年和第二年分别增长了 9.38% ~31.25% 和 16.98% ~70.37%，$P<0.01$；根系表面积：生长第一年和第二年分别增长了 8.01% ~40.08% 和 23.75% ~82.83%，$P<0.01$），但主根粗度的下降幅度小于生长第一年的（生长第一年和第二年分别下降了 9.39% ~31.76% 和 6.97% ~21.70%，$P<0.01$）。这再次证明苜蓿侧根数目、根系表面积和主根粗度的变化上存在年际间差异，即对干旱胁迫的忍耐能力随着生育时期的推进而逐渐增强。

　　另外，品种间相比，无论在何种干旱胁迫处理条件下，陇东侧根长

度、侧根数目和根系表面积的增长幅度以及主根粗度的下降幅度均大于阿尔冈金，因此二者对干旱胁迫的适应性上存在明显差别（生长两年侧根数目、生长一年根系表面积和生长两年主根粗度，$P<0.01$）。

第五节　水分胁迫下苜蓿生物量动态

干旱胁迫首先会引起苜蓿植株脱水，导致细胞和组织的水势降低，进而影响其各种生理过程，同时在这个过程中苜蓿也会主动适应干旱胁迫，发生积极的生理生化代谢，从而引起茎叶的一系列形态学特性变化，并呈现负向生长的发展趋势，最终导致植株生物量不断减少。多年来，有关干旱与生物量互作的试验研究报道虽较多，但由于试验地区气候与土壤条件各异，研究结果存在较大差异，尤其在水分胁迫下苜蓿地上、地下生物量光合产物的分配方面仍有一定的分歧。本节就水分胁迫下苜蓿植株生长特征尤其是生物量的变化进行了研究，以期进一步阐明干旱条件下苜蓿生长适应性及其耐旱作用机制（张岁岐等，2011）。

一、地下生物量

地下生物量即根系干物质重量，简称根系干重，是衡量根系发达程度的指标之一，而植物根的生长状况又与其抗逆性和地上部产量大小密切相关。如图 8-10 所示，持续干旱使得苜蓿根系干重明显降低，不同生育时期、不同品种根系干重均表现为：正常供水处理＞中度干旱胁迫处理＞重度干旱胁迫处理，但生长一年的陇东根系干重在不同水分处理间均没有明显差异（$P>0.05$）。

具体表现在：生长第一年，陇东中度和重度干旱胁迫处理的根系干重分别较正常供水处理下降了 10.51% 和 24.05%，阿尔冈金则分别下降了 9.72% 和 37.77%；生长第二年，陇东中度和重度干旱胁迫处理根系

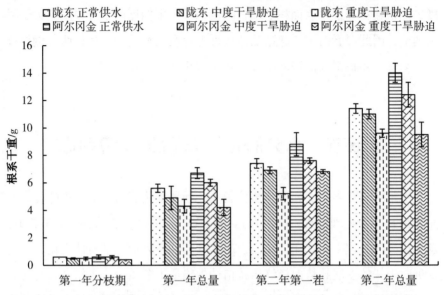

图 8-10 干旱胁迫对陇东和阿尔冈金苜蓿地下生物量（根系干重）的影响

干重分别较正常供水处理下降了 3.67％ 和 17.81％，阿尔冈金分别下降了 12.11％ 和 33.36％。分析认为，受到干旱胁迫后，苜蓿虽然通过增加根系长度、侧根数量和根系表面积等来维持根系的生理功能，但是自身的生长仍然受到了抑制，尤其在重度水分亏缺条件下。另外，生长第二年陇东根系干重下降幅度小于生长第一年，阿尔冈金则差别不明显，但不同年限根系干重仍存在明显差异（$P<0.01$），且陇东根系干重下降幅度小于阿尔冈金（$P<0.05$），再次说明苜蓿对干旱逆境的抵御能力存在着生长年限和品种间的差异。

二、地上生物量

苜蓿地上茎叶是多种家畜喜食的优质蛋白质饲料，为畜牧业的发展提供了优质充足的饲草，并且有利于提高后茬农作物或经济作物的产量，改善其品质。因此，水分胁迫条件下，是否能维持高的牧草产量，是该种对干旱逆境的抵抗与忍耐能力强弱的最好表现。表 8-10 表明，受

到干旱胁迫后,苜蓿干草产量明显下降,并随着胁迫程度的增强而加剧
(P<0.01)。并且同样表现出生长第一年产量的下降幅度明显高于第二年
产量降幅的趋势。

表8-10 干旱胁迫对苜蓿地上生物量的影响(P<0.01)

品种	处理	第一年总量	第二年第一茬	第二年第二茬	第二年第三茬	第二年总量
陇东	正常供水	18.66 ± 0.60	30.42 ± 0.21	19.34 ± 0.09	15.28 ± 0.19	65.04 ± 3.49
	中度干旱胁迫	14.46 ± 0.34	25.47 ± 0.58	17.20 ± 0.39	11.22 ± 0.33	53.89 ± 4.22
	重度干旱胁迫	8.42 ± 0.61	19.44 ± 1.29	14.83 ± 0.78	9.34 ± 0.58	43.61 ± 2.99
阿尔冈金	正常供水	19.41 ± 0.50	43.18 ± 2.12	27.36 ± 1.05	20.56 ± 0.34	91.10 ± 10.89
	中度干旱胁迫	16.24 ± 0.99	36.39 ± 2.30	24.33 ± 0.59	14.85 ± 0.21	75.57 ± 2.02
	重度干旱胁迫	8.73 ± 0.34	24.69 ± 2.12	17.03 ± 0.80	10.94 ± 0.91	52.67 ± 1.43

具体表现在:生长第一年,陇东中度与重度干旱胁迫处理干草产量
比正常供水处理分别下降了22.47%和54.89%,阿尔冈金分别下降了
16.32%和55.03%;生长第二年,陇东中度与重度干旱胁迫处理干草产
量分别比正常供水处理下降了17.14%和32.94%,阿尔冈金分别下降
了17.05%和42.19%。另外,生长第二年各茬次相比,干草产量逐茬递
减,其降低幅度为第三茬 > 第一茬 > 第二茬(陇东中度和重度干旱胁迫
处理第一茬、第二茬和第三茬干草产量与正常供水处理相比同期分别下
降了16.27%和36.09%、11.07%和23.32%、26.57%和38.29%;阿尔
冈金则分别下降了15.72%和42.82%、11.07%和41.41%、27.77%和
51.65%)。这主要与各茬次生育时期长短和生长期内天气状况以及不同茬
次对干旱逆境抵制能力的不同有关。即第一茬生长期位于秋冬至春末,期
内高温天气较少,因而相同水分处理下产草量均最高,干旱胁迫处理受到
影响较小,产量下降较少;第二茬生长在盛夏,生长期内几乎均为高温天

气，且生长时间最短，因而相同水分处理条件下产草量大幅下降，但受到胁迫时间较短，因而干旱胁迫处理产量下降最少；第三茬生长在夏末秋初，生长期较长，其期间较多高温天气，植株生长势已严重衰退，因而相同水分处理下产量最小，受到干旱胁迫后降幅最大。虽然生长第一年陇东和阿尔冈金的干草产量在受到干旱胁迫后下降幅度上没有明显差别，但生长第二年阿尔冈金的干草产量下降幅度明显高于陇东（尤其在重度干旱胁迫处理下），并且2个供试品种在产量上差别明显（$P<0.01$），这与遗传因素有关，也可能与耐旱能力的不同有关。

三、根冠关系

植株根系与冠部在整个发育过程中相互促进又相互制约，共同维系着植株的生命体系，在植物体的整个生命周期中，根系对生物产量起着至关重要的作用。根冠比是植株地下根系与地上冠层干物质的比值，在一定程度上反映了二者之间的协调平衡能力。结合图8-9、表8-10和图8-11可以看出，苜蓿干草产量和根系干重在受到干旱胁迫后均明显下降，根冠

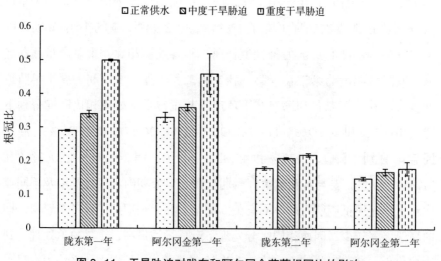

图8-11　干旱胁迫对陇东和阿尔冈金苜蓿根冠比的影响

比则增大，但随着生长年限的增加，苜蓿根冠比又有所下降。

根冠生长速率的变化是紧密相连的，干旱条件下，根系生长速率的下降程度小于冠部。因此，土壤干旱条件下的苜蓿，根系四处延伸、扩展、追逐水源，为避免水分不足带来的直接伤害，光合同化物较多地分配到根系中去，以维系根系功能，造成根、冠间竞争碳水化合物，冠部相对生长不旺，最终带来苜蓿干草产量的下降程度大于根系，根冠比增大；在这一阶段，即水分胁迫条件下苜蓿根系的变化对根冠比增加的贡献率要远远高于干草产量的变化，根冠比的提高比单独根系扩展和分枝在苜蓿对环境的适应中起到了更大的作用。土壤干旱条件下根冠比的增加，无疑成为苜蓿抵抗干旱逆境的一种适应性机制。而同时观察到的随着生长年限的增加苜蓿根冠比表现为下降的现象则说明，苜蓿地上部分受到的影响在逐渐减弱，对干旱逆境的抵御、忍耐与适应能力在逐渐增强。

四、胁迫指数

干物质胁迫指数（Dry matter stress index，DSI）是受到干旱胁迫植株地上生物量与正常供水植株（对照）地上生物量的比值；同理，根系胁迫指数（Root matter stress index, RSI）是受到干旱胁迫植株根系干物质量与正常供水植株根系干物质量的比值，二者是表征干旱胁迫条件下植株生物量受影响程度的指标。如前所述，并结合表 8-11，可以看出，苜蓿受到干旱胁迫影响后的最直接反映就是干草产量和根系干物质量的下降，具体体现在干物质胁迫指数和根系胁迫指数均随着胁迫程度的增加而表现出的下降，以及随着生育期的延续而表现出的增加，这亦是苜蓿降低水分消耗、避免和忍耐水分亏缺的策略之一。

表 8-11　干旱胁迫条件下的苜蓿干物质胁迫指数和根系胁迫指数

处理	陇东				阿尔冈金			
	第一年		第二年		第一年		第二年	
	DSI	RSI	DSI	RSI	DSI	RSI	DSI	RSI
正常供水	1	1	1	1	1	1	1	1
中度干旱胁迫	0.67 ± 0.02	0.90 ± 0.04	0.83 ± 0.02	0.96 ± 0.03	0.77 ± 0.053	0.90 ± 0.04	0.83 ± 0.02	0.88 ± 0.06
重度干旱胁迫	0.36 ± 0.05	0.76 ± 0.01	0.68 ± 0.05	0.82 ± 0.02	0.36 ± 0.02	0.62 ± 0.09	0.58 ± 0.02	0.67 ± 0.06

　　另外，品种间比较而言，陇东根系干重下降幅度及第二年干草产量的下降幅度均小于阿尔冈金，即受旱后陇东减产幅度小于阿尔冈金，因而，陇东受到干旱胁迫的影响小于阿尔冈金。各个茬次之间比较发现：生长第二年苜蓿干草产量呈现逐茬递减的趋势，受到干旱胁迫后干草产量的下降幅度为第三茬 > 第一茬 > 第二茬，这主要与各茬次生育时期长短、生长期内天气状况、品种的生物学特性以及不同茬次对干旱逆境抵制能力的不同有关。

　　干旱胁迫给苜蓿生长发育带来了较大的影响，一方面，为适应和忍耐胁迫，苜蓿根系表面积增大，侧根数目和长度增加，在改善生长土壤环境物理性质的同时，增强了对土壤深层水分的吸收利用；另一方面，则表现为受到伤害，即根系重量和干草产量的下降。从根系形态及产量的变化程度来看：一年生苜蓿的变化幅度大于二年生苜蓿，即干旱逆境下，尤其在环境水势不断降低的情况下，二年生苜蓿植株根系生态功能性状及生物量水平较一年生苜蓿具有更高的稳定性。同时，随着生育进程的延续，苜蓿的耐旱能力在逐渐增强，即二年生苜蓿的耐旱能力强于一年生的。陇东和阿尔冈金相比，存在生物学差异，并使得陇东对干旱胁迫的忍耐能力略强于阿尔冈金。

第六节　水分胁迫下苜蓿水分利用特征

苜蓿是适合生长于干旱半干旱地区的牧草，在年降水量为 500~800 mm 的半干旱和半湿润地区生长更为适宜。在我国西北降水量稀少（平均降水量为 125 mm）、蒸发强烈（年平均蒸发量为 2291 mm）的干旱地区，只有进行适当的灌溉才可以进行牧草种植或获得高产，因此苜蓿水分供应与需求之间的矛盾日益突出。如何高效利用有限水分来提高苜蓿生产潜力，业已成为当前水资源紧缺条件下苜蓿生长中迫切需要解决的问题之一。

近年来，随着我国退耕还林还草政策的实施以及种植业结构的调整，苜蓿种植面积大幅度增加，但在有限供水的条件下，采取何种生产技术去使苜蓿获得高产的同时并维持高的水分利用效率，目前尚不明确，这很大程度地限制了干旱半干旱区苜蓿产业的发展。结合我国近年来苜蓿发展现状，对生长第一年（仅一茬）和第二年（共三茬）的苜蓿在干旱逆境下的耗水规律、WUE、气孔特性等与水分利用规律和耐旱能力相关的内容进行分析，旨在为探索提高苜蓿生产力、寻求高效用水新途径和节水灌溉技术、进行抗旱育种研究等提供合理的理论支持和管理依据（张岁岐等，2011）。

一、气孔导度

气孔是植物进行二氧化碳吸收和水分交换的主要通道，气孔的开闭状态影响着植株的光合和蒸腾作用，反过来，植株生长环境的变化亦会通过植株本身对气孔开闭产生调节与反馈抑制。对苜蓿花期（生长第一年和第二年各茬）叶片气孔导度（G_s）（图 8-12）的测定表明：与正常供水处理相比，干旱胁迫处理后，苜蓿各茬次叶片的 G_s 均显著降低，且随着胁迫时间的延长而持续下降（$P<0.01$）。二年生苜蓿正常供水处理、中度和重

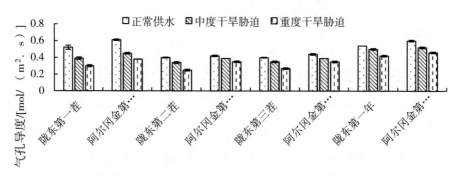

图 8-12　干旱胁迫对陇东和阿尔冈金苜蓿（第二年各个花期）气孔导度的影响

度胁迫处理下 G_s 从大到小依次为：第一茬 > 第二茬 > 第三茬，但第二茬和第三茬间差值远小于二者与第一茬之间的差值。另外，生长第二年各茬次阿尔冈金 G_s 均大于相应生育时期陇东的 G_s，这与营养液培养实验苗期结果一致。

　　具体表现：生长第一年花期，陇东中度与重度水分胁迫处理 G_s 分别较正常水分处理减少了 7.94% 和 24.33%；阿尔冈金 G_s 分别减少了15.92% 和 25.04%；生长第二年第一茬、第二茬和第三茬花期，陇东中度与重度干旱胁迫处理 G_s 分别较正常供水处理下降了 25.01% 和 42.17%、12.15% 和 33.74%、13.45% 和 38.04%；阿尔冈金中度与重度干旱胁迫处理 G_s 分别较正常供水处理下降了 26.83% 和 37.87%、13.84% 和 23.86%、10.57% 和 19.37%。可以看出，生长第一年花期与生长第二年第三茬花期相比，G_s 下降幅度较小，说明不同生长年限苜蓿对干旱胁迫的适应能力存在差别。同时，阿尔冈金和陇东生长第一年 G_s 变化上没有明显区别，但生长第二年各个茬次陇东 G_s 下降幅度均大于阿尔冈金。可以认为主要受遗传机制影响，也说明二者抵抗干旱逆境的能力存在不同。

二、蒸腾速率

　　气孔开闭状态的变化带来的最直接的影响就是蒸腾速率的变化。分析图 8-13，可以看出，干旱胁迫后，苜蓿各茬次的蒸腾速率（T_r）和

G_s 变化趋势一致，也随着胁迫强度的增大和胁迫时间的延长而持续下降（$P<0.01$）。具体表现：生长第一年花期，陇东中度与重度水分胁迫处理 T_r 分别比正常供水处理减少了 6.22% 和 22.19%；阿尔冈金 T_r，分别减少了 6.57% 和 21.82%；生长第二年苜蓿正常供水、中度和重度胁迫处理下 T_r 也是第一茬 > 第二茬 > 第三茬，即陇东中度与重度干旱胁迫处理 T_r 分别较正常供水处理下降 21.37% 和 34.92%、10.57% 和 25.59%、20.17% 和 32.39%；阿尔冈金中度与重度干旱胁迫处理 T_r，分别下降了 17.76% 和 32.80%、7.90% 和 19.37%、6.69% 和 14.69%，各个茬次陇东 T_r 下降幅度和 G_s 的变化一样，也均大于阿尔冈金的 T_r。

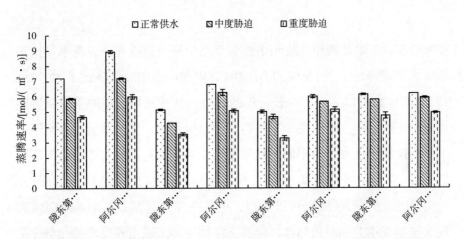

图 8-13　干旱胁迫对陇东和阿尔冈金苜蓿（第二年各个花期）蒸腾速率的影响

三、蒸腾耗水量

受气孔开度的影响，苜蓿在干旱期内的蒸腾耗水量也产生了明显变化。如图 8-14 所示，受到干旱胁迫后，和同时期正常供水处理相比，无论一年生还是两年生苜蓿，其蒸腾耗水量均显著下降（$P<0.01$）。具体表现在：生长一年，陇东中度和重度干旱胁迫处理蒸腾耗水量比正常供水处理降低了 44.20% 和 71.43%，阿尔冈金则分别降低了 30.26%

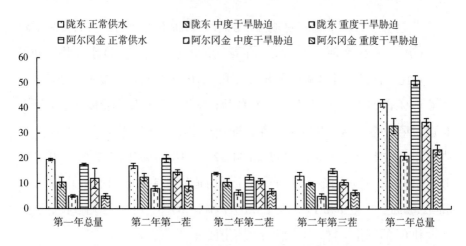

图 8-14　干旱胁迫对苜蓿陇东和阿尔冈金蒸腾耗水量的影响

和 69.65％；生长两年，陇东中度和重度干旱胁迫处理蒸腾耗水量比正常供水处理降低了 32.36％和 50.80％，阿尔冈金则分别降低了 32.78％和 54.63％。可以看出，生长一年的苜蓿，其蒸腾耗水量的下降幅度略大于生长两年的，可能是干旱胁迫对苜蓿生长第一年的影响程度大于第二年的缘故，也可能与不同生长年限对干旱逆境的抵御与忍耐能力不同有关。

　　同时，从图 8-14 也可以看出，生长两年的苜蓿，不同茬次间蒸腾耗水量呈现逐茬递减的趋势，但其下降幅度却呈现逐茬递增的趋势（陇东中度和重度干旱胁迫处理第一茬、第二茬和第三茬蒸腾耗水量分别较正常供水处理下降了 21.29％和 46.90％、17.67％和 49.45％、28.83％和 57.25％；阿尔冈金分别较正常水分处理下降了 28.65％和 53.37％、30.65％和 57.75％、37.01％和 57.68％）。进一步分析认为，生长第二年，苜蓿第一茬生长时间较长（>200d），生长势最强，是其蒸腾耗水最多、降幅最少的主要原因；第二茬生长时间最短（<50d），但生长期内遇连续高温天气，是其蒸腾耗水较多、降幅较小的原因；第三茬虽然生长时间长于第二茬（约 70 d），生长期内也遇到较长高温天气，但其生长势已严重衰弱，是蒸腾耗水量最小、降幅最大的主要原因。这再次说明不同茬次的

苜蓿对干旱逆境的忍耐能力可能存在差异。另外，供试品种间，相同水分处理条件下，陇东蒸腾耗水量显著小于阿尔冈金（P<0.01）；虽然二者生长第二年耗水总量下降幅度相差不大，但各茬次降幅也均是陇东小于阿尔冈金，还有，生长第二年各个茬次陇东 G_s 和 T_r 下降幅度也均大于阿尔冈金的，因此，供试品种间对干旱胁迫的敏感程度存在差别。

四、水分利用效率

干旱胁迫处理显著降低了苜蓿的干草产量和蒸腾耗水量，但显著提高了苜蓿 WUE（P<0.05）（表 8–12）。具体表现在：生长一年的陇东，中度与重度干旱胁迫处理 WUE 分别提高到正常供水处理的 1.20 和 1.27 倍，阿尔冈金则分别提高到 1.10 和 1.20 倍；生长两年的陇东，中度和重度干旱胁迫处理 WUE 分别提高到正常供水处理的 1.19 和 1.29 倍，阿尔冈金则分别提高到 1.23 和 1.27 倍。可以看出，生长一年的苜蓿 WUE 小于生长两年的，且生长一年的苜蓿 WUE 的增长幅度也小于生长两年的（尤其是阿尔冈金），这与蒸腾耗水量的下降趋势刚好相反。同时，无论受旱与否，二年生苜蓿不同茬次 WUE 均是：第一茬＞第二茬＞第三茬，这与其蒸腾耗水量的变化趋势一致；但各茬次 WUE 的增加幅度则是：第二茬＞第三茬＞第一茬（陇东中度和重度干旱胁迫处理生长第一茬、第二茬和第三茬 WUE 分别较正常供水处理增加了 6.38％和 25.84％、8。00％和 51.73％、10.86％和 43.04％；阿尔冈金分别较正常供水处理增加了 18.17％和 22.68％、28.21％和 47.31％、19.57％和 25.74％）。结合干草产量与蒸腾耗水量的变化结果，可以看出：苜蓿不同生长年限、同一年限不同茬次对干旱胁迫的抵御能力不同，表现在：第二年＞第一年，第一茬和第二茬＞第三茬。

表 8-12　干旱胁迫对苜蓿水分利用效率的影响（*P*<0.05）（单位：g/kg）

品种	处理	春播总量	秋播第一茬	秋播第二茬	秋播第三茬	秋播总量
陇东	正常供水	0.99 ± 0.032	1.91 ± 0.013	1.43 ± 0.007	1.22 ± 0.015	1.55 ± 0.062
	中度干旱胁迫	1.17 ± 0.032	2.03 ± 0.046	1.74 ± 0.035	1.36 ± 0.037	1.85 ± 0.038
	重度干旱胁迫	1.24 ± 0.167	2.40 ± 0.052	2.16 ± 0.113	1.75 ± 0.108	2.01 ± 0.145
阿尔冈金	正常供水	1.15 ± 0.030	2.20 ± 0.108	1.61 ± 0.062	1.40 ± 0.023	1.77 ± 0.017
	中度干旱胁迫	1.27 ± 0.053	2.60 ± 0.164	2.06 ± 0.050	1.67 ± 0.022	2.19 ± 0.059
	重度干旱胁迫	1.38 ± 0.070	2.70 ± 0.231	2.37 ± 0.111	1.76 ± 0.146	2.26 ± 0.061

另外，供试品种间，相同水分处理条件下陇东 WUE> 阿尔冈金 WUE。生长第一年，陇东中度和重度水分胁迫处理 WUE 增加幅度均大于阿尔冈金（但二者产量变幅差异不大）；生长第二年则重度水分胁迫处理 WUE 增加幅度大于阿尔冈金，而中度水分胁迫处理 WUE 增加幅度小于阿尔冈金（但产量降幅为陇东小于阿尔冈金）（P<0.01），因此认为，陇东对干旱胁迫的忍耐能力可能强于阿尔冈金。

五、WUE 与根系生长和干草产量的关系

在生物（干草）产量和蒸腾耗水量受到干旱胁迫影响而下降的同时，苜蓿 WUE 随着胁迫程度的增加显著提高。如图 8-15 所示，苜蓿 WUE 随根系干重和干草产量的下降而提高，也随着根系长度和根冠比的增加而增加。因此，土壤水分亏缺虽然促使植株营养物质分配路径发生了变化，造成了苜蓿减产，也减少了苜蓿的水分消耗，但由于促进了根系的生长，增强了对深层土壤水分的利用，并使得苜蓿产生了更加协调的根冠关系，而提高了 WUE。

有关生物量与 WUE 关系的研究表明：WUE 与根干重和地上部分干重密切相关，根干重和地上部分干重变化上的差异是导致生物量 WUE 差异的原因。适度干旱处理可以提高植物 WUE，但以产量的小幅度下降作为代价。生长在半干旱地区的苜蓿给予适度的水分灌溉，会获得更高的产量和 WUE。

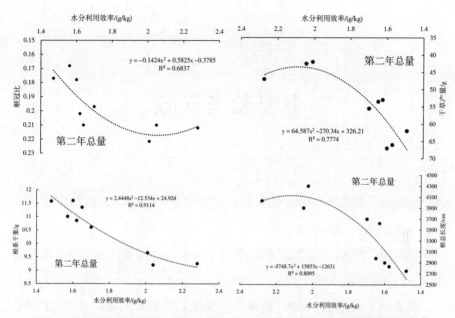

图 8-15 水分利用效率与根系干重、根总长度、根冠比和干草重量的关系

水分是植物生长发育的决定性条件之一。在水资源日益短缺的今天，如何提高植物 WUE，已成为节水农业发展的中心环节。而对干旱条件下植物水分利用特性以及 WUE 与植物耐旱性关系的研究则是探求高效用水途径的理论基础。综上所述，受到干旱胁迫后，苜蓿适应性地关闭气孔，减少蒸腾，WUE 显著提高。随着生长年限的增长，蒸腾耗水量降幅逐渐减少，WUE 增幅逐渐增大，即对干旱胁迫的忍耐能力逐渐增强；生长第二年各茬次蒸腾耗水量逐茬递减，降幅则逐茬递增，WUE 也逐茬递减，但增幅则第二茬最大，因而，不同茬次水分利用能力和对干旱胁迫的忍耐能力不同，第一茬和第二茬明显大于第三茬。因此，如何保持高的 WUE 又保证高的产量，已成为干旱半干旱地区今后苜蓿生产中函待解决的主要问题之一。

主要参考文献

陈凤林，刘文清.1982.几种栽培牧草需水规律的初步研究 [J].中国草原，（3）：38-43.

成自勇.2009.旱区灌区苜蓿草地土壤水盐动态及其生态灌溉调控模式研究 [M].郑州：黄河水利出版社.

郭克贞，何京丽.1999.牧草节水灌溉若干理论问题研究 [J].水利学报，（5）：26-31.

郭彦军，徐恢仲，张家骅.2002.紫花苜蓿根系形态学研究 [J].西南农业大学学报，25（6）：484-486.

韩德梁，王彦荣.2005.紫花苜蓿对干旱胁迫适应性的研究进展 [J].草业学报，14（6）：7-13.

洪绂曾.2009.苜蓿科学 [M].北京：中国农业出版社.

贾志宽.2010.苜蓿生理生态研究 [M].北京：科学出版社.

李波，贾秀峰，白庆武，等.2003.干旱胁迫对苜蓿脯氨酸累积的影响 [J].植物研究，23（2）：189-191.

李崇巍，贾志宽，林玲，等.2002.几种苜蓿新品种抗旱性的初步研究 [J].干旱地区农业研究，20（4）：21-25.

李桂荣，2003.苜蓿需水量及水分利用效率的研究 [D].北京：中国农业科学院，1-5.

李文娆，张岁岐，山仑.2007.苜蓿叶片及根系对水分亏缺的生理生化响应 [J].草地学报，15（4）：299-305.

李雪锋.2005.灌溉对苜蓿种子生产的影响及其需水规律的研究 [D].

乌鲁木齐：新疆农业大学硕士学位论文，1-15.

李玉山 . 2002. 苜蓿生产力动态及其水分生态环境效应 [J]. 土壤学报，39（3）：404-411.

李愷哲 . 1991. 10 种苜蓿品种幼苗抗旱性的研究 [J]. 中国草地，3（3）：1-3.

刘建新，王鑫，王凤琴 . 2005. 水分胁迫对苜蓿幼苗渗透调节物质积累和保护酶活性的影响 [J]. 草业科学，22（3）：18-21.

山仑 . 2002. 旱地农业技术发展趋向 [J]. 中国农业科学，35（7）：848-855.

孙洪仁，韩建国，张英俊，等 . 2004. 蒸腾系数、耗水量和耗水系数的含义及其内在联系 [J]. 草业科学 21（增刊），522-526.

孙洪仁，刘国荣，张英俊，等 . 2005. 紫花苜蓿的需水量、耗水量、需水强度耗水强度和水分利用效率研究 [J]. 草业科学，22（12）：24-30.

孙洪仁，马令法，何淑玲，等 . 2008. 灌溉量对紫花苜蓿水分利用效率和耗水系数的影响 [J]. 草地学报，16（6）：581-585.

孙洪仁，张英俊，韩建国，等 . 2006. 北京平原区紫花苜蓿建植当年的需水规律 [J]. 中国草地学报，28（4）：35-38,44.

孙洪仁，张英俊，厉卫宏，等 . 2007. 北京地区紫花苜蓿建植当年的耗水系数和水分利用效率 [J]. 草业学报，16（1）：41-46.

孙启忠，王宗礼，徐丽君 . 旱区苜蓿 [J]. 北京：科学出版社，2014.

陶玲等 . 1999. 牧草抗旱性综合评价的研究 [J]. 甘肃农业大学学报，（1）：23-28.

王殿武，文振海，惠彦军，等 . 1997. 冀西北高原油菜、苜蓿混播人工草地土壤水分动态研究 [J]. 中国草地，（4）：29-32.

王赟文 . 2003. 灌溉、施肥、疏枝等对紫花苜蓿种子产量和质量的影响 [D]. 北京：中国农业大学 .

许令妊 . 1983. 苜蓿的蒸腾强度及其在生产上的意义 [J]. 中国草地，

（4）：11–16.

阎旭东，李桂荣，小通正清．1999.几个苜蓿品种的耐旱型比较 [J]. 草业科学，16（1）：8–11.

张国诚.1997.对紫花苜蓿抗涝性的几点探讨 [J]. 天津畜牧兽医，14（1）：35–36.

张慧茹，王丽娟，郑蕊，等．2001.宁夏五种抗旱性牧草与脯氨酸含量的相关性研究 [J]. 宁夏农学院学报，22（4）：12–14.

张莉．2012.作物抗旱原理概论 [M]. 北京：中国农业科学技术出版社．

张岁岐，徐炳成，等．2011.根系与植物用水高效 [M]. 北京：科学出版社．

赵福庚，何云龙，罗庆云．2004.植物逆境生理生态学 [M]. 北京：化学工业出版社．

赵金梅．2003.紫花苜蓿不同品种抗旱性比较及灌溉对其生产性能的影响 [D]. 北京：中国农业大学．

Abu–Shakra S, Akhatar M, Bray D W. 1969.Influence of irrigation interval and plant density on alfalfa seed production [J]. Agronomy journal, 61(4): 569–571.

Aneta I, Dimitar D, Harryvan O, et al. 1997. Abscisic acid changes in osmotic stressed leaves of alfalfa genotypes varying in drought tolerance [J]. Plant Physiol, 150: 224–227.

Ball J A. 1980. Top management of irrigate alfalfa produces top yield [J]. Better Crops Plant Food. 64:16–19.

Bauder J W, Bauer A, Ramirez J M, et al.1978. Alfalfa water use and production on dryland and irrigated sandy loam [J]. Agronomy Journal, 70(1): 95–99.

Benz L C, E J Doering, and G A Reichman. 1985. Alfalfa yields and evapo transpiration response to static water tables and irrigation [J]. Trans of the

ASAE, 28(4): 1 178–1 185.

Beukes D J, Barnard S A.1985. Affects of level and timing of irrigation on growth and water use of Lucerne [J]. South Africa Journal of Plant Soil, 2: 197–202.

Boyce P J, Volenec J J. 1992. Taproot carbohydrate concentrations and stress tolerance of contrasting alfalfa genotypes [J]. Crop Science. 32: 757–761.

Djilianov D, Dragiiska R, Yordanova R, et al. 2001. Physiological changes in osmotically stressed detached leaves of alfalfa genotypes selected in vitro [J]. Plant Science, 129(2): 147–156.

Donald T J, Paul L W, Sheesly W R. 1983. Alfalfa yield and water relations with variable irrigation [J]. Crop Science, 32: 1 381–1 387.

Grimes D W, Wiley P L, and Sheesley W R. 1992. Alfalfa yield and plant water relations with variable irrigation [J]. Crop Science. 32: 1 381–1 388.

Grimes, D W, Yamada H.1982. Relation of Cotton Growth and Yield to Minimum Leaf Water Potential [J]. Crop Science, 22: 134–139.

Idso S B, Reginato R J, Reicosky D C, et al. 1981. Hatfield. Determining soil–induced plant water potential depressions in alfalfa by means of infrared thermometry [J]. Agronomy Journal, 73: 826–830.

Irigoyon J J, Emerich D W.1992.Water stress induced changes in concentrations of proline and total soluble sugars in nodulated alfalfa (Medicago sativa) plants [J]. Physiologia Plantarum, 84: 55–60.

Nicolodi C, Massacci A, Marco G D. 1988.Water status effects on net photosynthesis in field–grown alfalfa [J]. Crop Science, 28(6): 944–948.

Petit H V, Peasant A R, Barnett T, et al. 1992. Quality and morphological characteristics of alfalfa as affected by soil moisture, pH and Phosphorus fertilization [J]. Canadian Journal of Plant Science, 72(1): 147–162.

Salter R, MELTON B, Wilson M, et al. 1984. Selection in alfalfa for forage yield with three moisture levels in drought boxes [J]. Crop Science, 24: 345–349.

Sun H R, Han J G, Chen L L, et al. 2006. The water consumption coefficients of alfalfa in different growing years [J]. Acta Prataculturae Sinica, 15: 234–235.

Taylor A J, Marble V L.1986. Lucerne irrigation and soil water use during bloom and seed set on a red–brown earth in south–eastern Australia [J]. Australia Journal of Experimental Agriculture, 26: 577–581.

Unkocich M J, Pate J S, Sandford P. 1997. Nitrogen fixation by annual legumes in Australian Mediteranean agriculture [J]. Australian Journal of Agricultural Research, 48: 267–293.